四川卧龙国家级自然保护区系列丛书

鸟类原色图谱

周材权 杨志松 何晓安 ◎主编

中国林业出版社
China Forestry Publishing House

图书在版编目(CIP)数据

鸟类原色图谱/周材权，杨志松，何晓安主编. —— 北京：中国林业出版社，2019.8
（四川卧龙国家级自然保护区系列丛书）
ISBN 978-7-5219-0152-8

Ⅰ.①鸟… Ⅱ.①周… Ⅲ.①鸟类—汶川县—图谱 Ⅳ.① Q959.708-64

中国版本图书馆 CIP 数据核字（2019）第 137876 号

中国林业出版社·自然保护分社（国家公园分社）

策划编辑：刘家玲

责任编辑：刘家玲　葛宝庆

出版	中国林业出版社（100009　北京市西城区德内大街刘海胡同 7 号）
	http://www.forestry.gov.cn/lycb.html　电话：（010）83143519　83143612
发行	中国林业出版社
印刷	固安县京平诚乾印刷有限公司
版次	2019 年 8 月第 1 版
印次	2019 年 8 月第 1 版
开本	787mm × 1092mm　1/16
印张	17.25
字数	350 千字
定价	260.00 元

未经许可，不得以任何方式复制或抄袭本书的部分或全部内容。

版权所有　侵权必究

四川卧龙国家级自然保护区本底资源调查编撰委员会成员

(按姓氏拼音排序)

陈林强	杜 军	段兆刚	甘小洪	葛德燕	何 可	何明武	何廷美
何小平	何晓安	胡 杰	柯仲辉	黎大勇	李 波	李建国	李林辉
李铁松	李艳红	廖文波	刘世才	罗安明	马永红	倪兴怀	任丽平
施小刚	石爱民	舒秋贵	舒渝民	谭迎春	王 超	王 华	王鹏彦
夏绪辉	鲜继泽	肖 平	谢元良	徐万苏	严贤春	杨 彪	杨晓军
杨志松	叶建飞	袁 莉	曾 燏	张和民	张建碧	周材权	

主 编

周材权(西华师范大学)

杨志松(西华师范大学)

何晓安(四川卧龙国家级自然保护区管理局)

副主编

李建国(西华师范大学)

何 可(西华师范大学)

何廷美(四川卧龙国家级自然保护区管理局)

李 云(西华师范大学)

前言
PREFACE

卧龙国家级自然保护区（以下简称卧龙自然保护区）位于四川盆地西缘，邛崃山系东南麓，是四川盆地向青藏高原的过渡地带，保护区总面积约2000平方千米。保护区内多为相对海拔差异显著的高山峡谷，山体陡峭、河谷深切，地形十分复杂。由于地理位置和地形的影响，形成典型的亚热带内陆山地气候，冬季天气多晴朗干燥，夏季湿润山谷多雾。随着海拔的增高，从山谷至山顶具有亚热带到极高山寒冻冰雪带等多种不同的气候垂直带谱。

卧龙自然保护区是一个较为完整的高山森林生态系统，是世界和中国生物圈保护区成员之一，并具有物种区系起源古老、生物地理成分复杂的特点。保护区内植被类型多样，生态群落丰富，生物物种数量繁多，珍稀濒危物种与资源动植物比重大，生物多样性特征显著，具有极高的科研、保护价值。

有关卧龙自然保护区鸟类资源调查的公开报道曾见于余志伟等（1983，1993），记录保护区内的鸟类281种另3亚种。2014年10月至2017年11月，我们对卧龙自然保护区的鸟类进行了调查，并参照郑光美《中国鸟类分类与分布名录（第三版）》（2017），《四川资源动物志》（1982），约翰·马敬能等《中国鸟类野外手册》（2000），李桂垣《四川鸟类原色图鉴》（1993），张俊范《四川鸟类鉴定手册》（1997）等文献资料，共记录鸟类332种，隶属18目61科185属。其中，国家一级重点保护野生鸟类6种，国家二级重点保护野生鸟类34种，四川省重点保护鸟类11种。保护区特殊的气候条件与地理环境和复杂多样的栖息环境，成就了保护区鸟类的多样性和丰富度。

在本书的编写中，我们从在卧龙自然保护区境内拍摄的4000余幅照片中，遴选了近290幅卧龙生境与原生态野生鸟类图片，并配以简捷的文字说明，旨在通过图片的形式反映卧龙自然保护区基本概况，选取记述了近220

种保护区常见鸟类和部分珍稀濒危鸟类。并用"物种图片+中文名称+拉丁学名+形态描述+栖息环境"的形式向读者展示。对个别科的代表物种在保护区内没有拍摄到照片的用"资料图片"加以标注说明。在附录中列出了"卧龙国家级自然保护区鸟类名录""卧龙国家级自然保护区受保护鸟类名录"以及在名录中对中国特有鸟类加以标注。由于时间仓促以及工作的疏漏，在本书中还存在一些不尽人意的地方，如历史记载的个别科、种，在调查中没有观察到也没有影像记录，只能用文字加以说明；个别雌雄异色的物种，或缺雄性或缺雌性照片等，我们将在以后的工作中加以积累和补充。对本书中的遗漏和不当之处，欢迎批评指正。

在野外调查和本书的编写过程中，得到了四川省林业和草原局野生动植物保护管理处、卧龙国家级自然保护区管理局的大力支持和帮助，卧龙自然保护区各保护站工作人员协助野外调查，西华师范大学动物标本馆提供相关实物标本。承蒙卧龙自然保护区管理局何晓安先生提供部分鸟类图片以及巫嘉伟先生提供相关观鸟记录。

谨此表示衷心的感谢！

著者

2019年5月

目录 CONTENTS

前言

第一章 绪论 / 1

一、自然概况 / 2

（一）气候类型 / 5

（二）植物资源 / 6

1. 常绿阔叶林带 / 7

2. 常绿、落叶阔叶混交林带 / 7

3. 针阔叶混交林带 / 8

4. 针叶林带 / 9

5. 高山灌丛、草甸带 / 10

6. 高山流石滩稀疏植被带 / 12

二、鸟类物种多样性 / 13

三、鸟类栖息地及其空间分布 / 16

（一）河谷水域区 / 16

（二）阔叶林带 / 17

（三）针阔叶混交林带 / 17

（四）针叶林带 / 18

（五）高山灌丛、草甸带 / 18

第二章 分种描述 / 20

一、鸡形目 GALLIFORMES / 21

1. 雉科 Phasianidae / 21

二、雁形目 ANSERIFORMES / 33

2. 鸭科 Anatidae / 33

三、䴙䴘目 PODICIPEDIFORMES / 44

3. 䴙䴘科 Podicipedidae / 44

四、鸽形目 COLUMBIFORMES / 47

4. 鸠鸽科 Columbidae / 47

五、夜鹰目 CAPRIMULGIFORMES / 52

5. 夜鹰科 Caprimulgidae / 52

6. 雨燕科 Apodidae / 53

六、鹃形目 CUCULIFORMES / 55

7. 杜鹃科 Cuculidae / 55

七、鹤形目 GRUIFORMES / 59

    8. 秧鸡科 Rallidae / 59

八、鸻形目 CHARADRIIFORMES / 60

    9. 鹮嘴鹬科 Ibidorhynchidae / 60

    10. 鸻科 Charadriidae / 61

    11. 鹬科 Scolopacidae / 63

    12. 三趾鹑科 Turnicidae / 66

    13. 燕鸻科 Glareolidae / 67

九、鹳形目 CICONIIFORMES / 68

    14. 鹳科 Ciconiidae / 68

十、鲣鸟目 SULIFORMES / 69

    15. 鸬鹚科 Phalacrocoracidae / 69

十一、鹈形目 PELECANIFORMES / 70

    16. 鹭科 Ardeidae / 70

十二、鹰形目 ACCIPITRIFORMES / 74

    17. 鹰科 Accipitridae / 74

十三、鸮形目 STRIGIFORMES / 84

    18. 鸱鸮科 Strigidae / 84

十四、犀鸟目 BUCEROTIFORMES / 90

    19. 戴胜科 Upupidae / 90

十五、佛法僧目 CORACIIFORMES / 92

    20. 翠鸟科 Alcedinidae / 92

十六、啄木鸟目 PICIFORMES / 94

    21. 啄木鸟科 Picidae / 94

十七、隼形目 FALCONIFORMES / 102

    22. 隼科 Falconidae / 102

十八、雀形目 PASSERIFORMES / 104

    23. 黄鹂科 Oriolidae / 104

    24. 莺雀科 Vireonidae / 105

    25. 山椒鸟科 Campephagidae / 106

    26. 扇尾鹟科 Rhipiduridae / 108

    27. 卷尾科 Dicruridae / 109

    28. 伯劳科 Laniidae / 111

    29. 鸦科 Corvidae / 113

    30. 玉鹟科 Stenostiridae / 122

31. 山雀科 Paridae / 123
32. 百灵科 Alaudidae / 129
33. 扇尾莺科 Cisticolidae / 131
34. 鳞胸鹪鹛科 Pnoepygidae / 132
35. 蝗莺科 Locustellidae / 133
36. 燕科 Hirundinidae / 135
37. 鹎科 Pycnonotidae / 137
38. 柳莺科 Phylloscopidae / 141
39. 树莺科 Cettiidae / 149
40. 长尾山雀科 Aegithalidae / 153
41. 莺鹛科 Sylviidae / 158
42. 绣眼鸟科 Zosteropidae / 164
43. 林鹛科 Timaliidae / 166
44. 幽鹛科 Pellorneidae / 169
45. 噪鹛科 Leiothrichidae / 170
46. 旋木雀科 Certhiidae / 179
47. 䴓科 Sittidae / 180

48. 鹪鹩科 Troglodytidae / 182
49. 河乌科 Cinclidae / 183
50. 椋鸟科 Sturnidae / 184
51. 鸫科 Turdidae / 185
52. 鹟科 Muscicapidae / 192
53. 戴菊科 Regulidae / 212
54. 太平鸟科 Bombycillidae / 213
55. 花蜜鸟科 Nectariniidae / 214
56. 岩鹨科 Prunellidae / 215
57. 梅花雀科 Estrildidae / 218
58. 雀科 Passeridae / 220
59. 鹡鸰科 Motacillidae / 222
60. 燕雀科 Fringillidae / 227
61. 鹀科 Emberizidae / 245

附录 / 249

卧龙国家级自然保护区鸟类名录 / 250
卧龙国家级自然保护区受保护野生鸟类名录 / 263

第一章　绪论

一、自然概况

卧龙国家级自然保护区位于四川盆地西缘，邛崃山脉东南坡，四川省阿坝藏族羌族自治州东南部，四川盆地向青藏高原过渡的高山深谷地带。地理位置为东经102°52′～103°25′，北纬30°45′～31°25′。保护区主要包括卧龙、耿达两行政乡以及四姑娘山东南麓地区，东西宽60千米，南北长63千米，面积约2000平方千米。东与汶川县映秀镇连接，西与宝兴、小金县接壤，南与大邑、芦山两县毗邻，北与理县及汶川县草坡乡为邻。卧龙自然保护区是四川省面积最大、自然条件最复杂、珍稀动植物最多的国家级自然保护区，主要保护对象为西南高山森林自然生态系统及大熊猫等珍稀动植物。

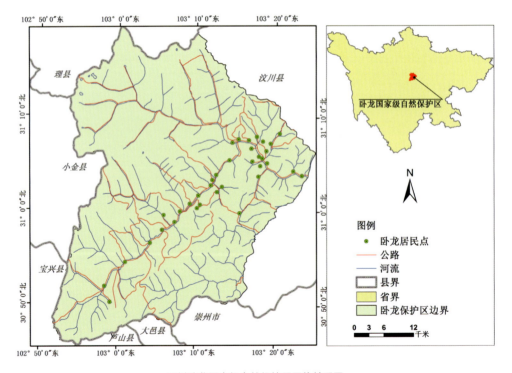

四川卧龙国家级自然保护区区位关系图

卧龙自然保护区整个地势为西北高东南低，由西北向东南递减。皮条河从保护区的西南向东北将保护区切割为两大块，河的西北部山大峰高、河谷深切，大部分山峰的海拔高度超过4000米。在西北部边缘沿巴朗山至四姑娘山，以及北部与理县接壤的山地，众多超过5000米的山峰构成了一道天然屏障，境内最高峰四姑娘山高达6250米，为四川省第二高峰。皮条河的东南部，地势相对平缓，除个别山峰外，海拔一般不超过4000米，东南部中河及西河流域的大部分地区海拔在3000米以下，东部的木江坪海拔最低处为1150米。

保护区内在海拔4000米以下的山地，由于流水作用和受岩性的影响，山地形态多样，呈峰林状山地与典型的梳状山地，山脊呈锯齿状，逶迤绵长，远看形似龙脊，卧龙因此而得名。图片摄于花岩子。

两侧山体下面的皮条河由西南至东北方向横贯保护区，将保护区切割为两大块。图片拍摄于贝母坪。

海拔4000～5000米的山地为寒冻风化作用的高山，岩基裸露，多悬崖峭壁，其下部形成碎屑坡或倒石堆，并有古冰川遗迹分布，部分地区冰川退却后，冰斗积水形成海子。图片拍摄于花岩子。

海拔高度超过5000米的山地为终年被冰雪覆盖、现代冰川作用强烈的极高山，主峰四姑娘山及大姑娘山、二姑娘山、三姑娘山均为金字塔形角峰，巍然屹立于保护区的西北边缘。图片拍摄于干海子。

（一）气候类型

卧龙自然保护区属青藏高原气候区的东缘，由于本身的地理位置和地形的影响，形成了典型的亚热带内陆山地气候，西风急流南支和东南季风控制了区内的主要天气过程，冬季在干冷的西风急流南支影响下，天气多晴朗干燥。在冷气流的影响过程中，也常形成降雪。夏季湿润的东南季风顺河谷而上，遇到高山冷气流而形成丰富的迎坡降水，因而温暖湿润而山谷多雾。随着海拔的增高，从山谷到山顶形成了亚热带、温带、寒温带、寒带、高寒带和极高山寒冻冰雪带等不同的气候垂直带谱。"一山有四季，十里不同天"这句话是对卧龙自然保护区气候特征的真实写照。从保护区管理局沙湾气象站的观测资料显示，该地区的年均相对湿度为80.3%，无霜期180~200天，年均气温8.5±0.5℃，7月平均气温17.1±0.8℃，1月平均气温-0.9±2℃，年日照数950±100小时，年降水量为890±100毫米。

保护区具有温暖、湿润而山谷多雾的气候特征。图片拍摄于邓生。

（二）植物资源

卧龙自然保护区森林覆盖面积达12万公顷，约占保护区总面积的56.7%，灌丛草甸覆盖面积约3.04万公顷，复杂多变的自然条件造成了植物种类与群落的多样性。

植被垂直带景观。图片拍摄于干海子。

卧龙的自然植被根据植物种类组成和植被的外貌特征可划分为以下6种类型。

1. 常绿阔叶林带

在海拔1600（1700）米以下地段为常绿阔叶林，主要有樟科、山毛榉科、山茶科和冬青科植物。林内有少量桦木科、槭树科和胡桃科等落叶阔叶树种，林下有大面积的白夹竹和拐棍竹，植被外貌四季常绿，季节变化不明显。

2. 常绿、落叶阔叶混交林带

在海拔1600（1700）~2000（2200）米地段为常绿、落叶阔叶混交林带，建群种中，常绿的有山毛榉科、樟科等树种，落叶的有桦木科、胡桃科、槭树科等树种，局部地区有连香树、珙桐、水青树、领春木等珍稀的古老孑遗植物伴生，林下层以拐棍竹为主。植被外貌季节变化明显，春夏深绿与嫩绿相间，入秋则绿、黄、红、褐等诸色渗杂，冬季仅林冠有少量绿色点缀于白色世界中。

阔叶林景观。图片拍摄于木江坪。

3. 针阔叶混交林带

在海拔2000～2500米地段为针阔叶混交林带，建群种中，阔叶树种有红桦、槭树、藏刺榛、椴树等，针叶树种有铁杉、麦吊杉、四川红杉和松树等，林下广泛分布着拐棍竹，局部地区有大箭竹、冷箭竹。植被外貌季节变化显著，春夏呈翠绿色，秋末冬初则七彩斑斓，构成卧龙自然保护区的一大景致。

针阔叶混交林景观。图片拍摄于核桃坪。

针阔叶混交林带七彩斑斓的秋色。图片拍摄于卧龙关。

4. 针叶林带

在海拔2500~3500（3600）米地段为寒温性针叶林带，建群种有麦吊杉，多种冷杉、方枝柏和四川红杉等，林下有大面积的冷箭竹，局部地区还有大箭竹、华西箭竹，植被外貌呈暗绿色，季节变化不明显。

针叶林及其林下景观。图片拍摄于寡妇山。

针叶林景观。图片拍摄于邓生沟。

5. 高山灌丛、草甸带

在海拔3500～4200（4400）米为高山灌丛、草甸带，本带包含有部分高山裸岩与流石滩地区。耐寒灌丛以紫丁杜鹃、牛头柳、细枝绣线菊、华西银露梅和香柏为主，高山草甸有以珠芽蓼为主的杂草类草甸，以羊茅为主的禾草草甸，以矮生嵩草为主的莎草草甸，夏季百花齐放，景色宜人。

亚高山草甸由于建群种的差异，而形成不同的植物群落景观。图片拍摄于寡妇山（上）和干海子（下）。

每年6~8月,亚高山、高山草甸上的各种野花由低海拔地区依次向高山逐渐开放,呈现出色彩斑斓的山体景观。图片拍摄于巴朗山。

6. 高山流石滩稀疏植被带

在海拔4400（4200）米以上地段，为高山流石滩稀疏植被带，主要由多毛、肉质的矮小草本植物组成，如多种风毛菊、多种虎耳草、多种红景天、蚤缀、点地梅等，另外还有少量的地衣和苔藓植物。

高山流石滩植被景观。图片拍摄于巴朗山。

二、鸟类物种多样性

卧龙自然保护区共记录鸟类332种，隶属18目61科185属，占四川省鸟类目数的76.19%，科数的70.37%，种数的47.23%。其中非雀形目鸟类112种，占保护区鸟类总数的33.73%，雀形目鸟类220种，占保护区鸟类总数的66.27%，雀形目鸟类为保护区内鸟类物种的主要组成部分。

在332种鸟类中，有留鸟190种，夏候鸟74种，冬候鸟24种，旅鸟23种，迷鸟1种，留居状况不详的20种。保护区鸟类组成情况见表1-1。

表1-1　卧龙自然保护区鸟类目、科及物种组成

目	科	物种数	占总数百分比（%）	区系从属 古北界	区系从属 东洋界	区系从属 广布种
一、鸡形目 GALLIFORMES	1. 雉科 Phasianidae	14	4.22	10	3	1
二、雁形目 ANSERIFORMES	2. 鸭科 Anatidae	11	3.31	9	2	
三、䴙䴘目 PODICIPEDIFORMES	3. 䴙䴘科 Podicipedidae	3	0.90	2		1
四、鸽形目 COLUMBIFORMES	4. 鸠鸽科 Columbidae	6	1.81	3	2	1
五、夜鹰目 CAPRIMULGIFORMES	5. 夜鹰科 Caprimulgidae	1	0.30		1	
	6. 雨燕科 Apodidae	3	0.90		3	
六、鹃形目 CUCULIFORMES	7. 杜鹃科 Cuculidae	8	2.41		8	
七、鹤形目 GRUIFORMES	8. 秧鸡科 Rallidae	2	0.60		2	
八、鸻形目 CHARADRIIFORMES	9. 鹮嘴鹬科 Ibidorhynchidae	1	0.30	1		
	10. 鸻科 Charadriidae	2	0.60	2		
	11. 鹬科 Scolopacidae	8	2.41	7	1	
	12. 三趾鹑科 Turnicidae	1	0.30	1		
	13. 燕鸻科 Glareolidae	1	0.30		1	
九、鹳形目 CICONIIFORMES	14. 鹳科 Ciconiidae	1	0.30			1
十、鲣鸟目 SULIFORMES	15. 鸬鹚科 Phalacrocoracidae	1	0.30			1

（续）

目	科	物种数	占总数百分比（%）	区系从属 古北界	东洋界	广布种
十一、鹈形目 PELECANIFORMES	16. 鹭科 Ardeidae	4	1.20		3	1
十二、鹰形目 ACCIPITRIFORMES	17. 鹰科 Accipitridae	17	5.12	12	3	2
十三、鸮形目 STRIGIFORMES	18. 鸱鸮科 Strigidae	9	2.71	4	4	1
十四、犀鸟目 BUCEROTIFORMES	19. 戴胜科 Upupidae	1	0.30			1
十五、佛法僧目 CORACIIFORMES	20. 翠鸟科 Alcedinidae	2	0.60		1	1
十六、啄木鸟目 PICIFORMES	21. 啄木鸟科 Picidae	12	3.61	5	5	2
十七、隼形目 FALCONIFORMES	22. 隼科 Falconidae	4	1.20	3		1
非雀形目合计	22	112	33.73	59	39	14
十八、雀形目 PASSERIFORMES	23. 黄鹂科 Oriolidae	1	0.30		1	
	24. 莺雀科 Vireonidae	1	0.30		1	
	25. 山椒鸟科 Campephagidae	3	0.90		3	
	26. 扇尾鹟科 Rhipiduridae	1	0.30		1	
	27. 卷尾科 Dicruridae	2	0.60		2	
	28. 伯劳科 Laniidae	4	1.20	3	1	
	29. 鸦科 Corvidae	9	2.71	7	1	1
	30. 玉鹟科 Stenostiridae	1	0.30		1	
	31. 山雀科 Paridae	11	3.31	6	4	1
	32. 百灵科 Alaudidae	2	0.60	2		
	33. 扇尾莺科 Cisticolidae	2	0.60			2
	34. 鳞胸鹪鹛科 Pnoepygidae	2	0.60		2	
	35. 蝗莺科 Locustellidae.	2	0.60		2	
	36. 燕科 Hirundinidae	3	0.90	3		
	37. 鹎科 Pycnonotidae	4	1.20		4	
	38. 柳莺科 Phylloscopidae	14	4.22	8	6	
	39. 树莺科 Cettiidae	7	2.11	1	6	
	40. 长尾山雀科 Aegithalidae	5	1.51	3	2	
	41. 莺鹛科 Sylviidae	12	3.61	9	3	

（续）

目	科	物种数	占总数百分比（%）	区系从属		
				古北界	东洋界	广布种
十八、雀形目 PASSERIFORMES	42. 绣眼鸟科 Zosteropidae	5	1.51	1	4	
	43. 林鹛科 Timaliidae	3	0.90		3	
	44. 幽鹛科 Pellorneidae	3	0.90		3	
	45. 噪鹛科 Leiothrichidae	12	3.61	6	6	
	46. 旋木雀科 Certhiidae	3	0.90	2	1	
	47. 鳾科 Sittidae	3	0.90	3		
	48. 鹪鹩科 Troglodytidae	1	0.30	1		
	49. 河乌科 Cinclidae	2	0.60	2		
	50. 椋鸟科 Sturnidae	1	0.30		1	
	51. 鸫科 Turdidae	10	3.00	9		1
	52. 鹟科 Muscicapidae	38	11.44	28	10	
	53. 戴菊科 Regulidae	1	0.30	1		
	54. 太平鸟科 Bombycillidae	2	0.60	2		
	55. 花蜜鸟科 Nectariniidae	1	0.30		1	
	56. 岩鹨科 Prunellidae	4	1.20	4		
	57. 梅花雀科 Estrildidae	2	0.60		2	
	58. 雀科 Passeridae	4	1.20	1	1	2
	59. 鹡鸰科 Motacillidae	8	2.41	6		2
	60. 燕雀科 Fringillidae	24	7.21	21	1	2
	61. 鹀科 Emberizidae	7	2.11	6	1	
雀形目合计	39	220	66.27	135	74	11
总计	18	61	332	100	194	113	25

保护区332种鸟类中，区系从属关系有主要和完全分布于古北界的鸟类194种，占保护区鸟类总数的58.43%；主要和完全分布于东洋界的鸟类113种，占鸟类总数的34.04%；广布种25种，占鸟类总数的7.53%。保护区鸟类区系组成上，鸟类物种区系混杂明显，兼具古北界和东洋界成分，鸟类区系组成以古北界物种为主。随海拔的增高，东洋界成分逐渐减少，而古北界成分逐渐增多，各垂直带的鸟类其种群替代现象明显。

三、鸟类栖息地及其空间分布 >>

（一）河谷水域区

保护区河谷水域区的鸟类主要分布在皮条河水域、河漫滩及其附近灌丛，海拔通常低于2200米，植被以阔叶林与灌丛为主，其间杂有少量农耕地。

相对宽阔平缓的水域已成为秋冬季节雁鸭类水鸟迁徙的主要停歇之处。图片拍摄于熊猫电站。

皮条河由西南至东北方向横贯保护区，沿途接纳众多小支流汇入，主要河段多为深切沟谷，水流湍急，少有鸟类栖息。皮条河有多处水电站和小型人工水坝，电站水坝拦截河道形成的宽阔水面与小型人工水坝形成的较为平缓河滩，为水鸟提供了非常有限的但也是十分重要的一类栖息和觅食环境。如熊猫电站附近的上下河道，时常可见䴙䴘类、鹭类、河乌、鹡鸰、燕尾、溪鸲和水鸲等鸟类活动，迁徙季节也是雁鸭类停歇的重要栖息地。河道两岸林带是该区林鸟的主要活动区域。在此区域活动的水鸟呈现出数量少，停留时间短，种类变化快的特点。

该区域栖息鸟类有77种。

（二）阔叶林带

保护区内常绿阔叶林带无典型的林相特征或特征不甚明显，为此将常绿阔叶林、常绿与落叶阔叶混交林统归为阔叶林带。阔叶林带海拔相对较低，乔木种类丰富、林下灌丛密被，是绝大多数鸟类的栖息地，此带也是栖息鸟类种类最多，密度最大的区域。常见种类有鸫科、鹟科、画眉科、莺科、山雀科和鸦科中的大部分鸟类。雉科中的红腹锦鸡与白腹锦鸡也主要栖息于本带。

本带有栖息鸟类167种。

落叶阔叶林景观。图片拍摄于卧龙关。

（三）针阔叶混交林带

此栖息带鸟类物种也十分丰富，仅次于阔叶林带。主要栖息有杜鹃科、鸱鸮科、山椒鸟科、鸫科、画眉科、啄木鸟科、鸦科等鸟类，雉科中的白马鸡、血雉、勺鸡也栖息于此带。

本带有栖息鸟类157种。

（四）针叶林带

海拔2600～3600米地段为寒温性针叶林带，建群种有麦吊杉，多种冷杉、方枝柏和四川红杉等，林下有大面积的冷箭竹，局部地区还有大箭竹、华西箭竹，植被外貌呈暗绿色，季节变化不明显。该带常见的种类有莺科、啄木鸟科、山雀科，雀鹛类以及斑尾榛鸡、红喉雉鹑、血雉等。

本带有栖息鸟类131种。

针叶林景观。图片拍摄于巴朗山。

（五）高山灌丛、草甸带

高山灌丛、草甸与高山裸岩与流石滩地区，属高寒、高海拔、自然条件较为恶劣地区，除几种常年留居的雉类如雪鹑、藏雪鸡外，鸟类呈现显著的季节性分布与垂直迁徙活动特征。每年5～10月可见为数不少的高山岭雀、蓝大翅鸲、岩鹨类等鸟类在此栖息带繁殖后代。其他常见鸟类有白喉红尾鸲、暗胸朱雀、红嘴山鸦、黄嘴山鸦等。分布于本带的高山湖泊季节性为迁徙的雁鸭类及其为数不多的鸻鹬类提供停歇与觅食场所。4月底至5月初在高山地带亦可看见猛禽类迁徙过境的场面。

本带有栖息鸟类51种。

高山灌丛草甸景观。图片拍摄于寡妇山。

灌丛、草甸、流石滩生境是高山雉类的主要栖息地。图片拍摄于上牛棚。

第二章

分种描述

一、鸡形目 GALLIFORMES

1. 雉科 Phasianidae

多为大中型地栖鸟类，留鸟。本科鸟类头顶多具肉冠或羽冠。嘴较粗短，上嘴先端微向下弯但不成钩状。脚强壮善行走或奔跑。不善长距离飞行。雌雄同色或异色。若异色则雄鸟羽色华丽。雏鸟为早成鸟。有斑尾榛鸡、红喉雉鹑、绿尾虹雉为国家一级重点保护野生鸟类，其他种类多为国家二级重点保护野生鸟类。

本科鸟类在保护区境内有13属14种。

雉科 Phasianidae	花尾榛鸡属 Tetrastes	斑尾榛鸡*	Tetrastes sewerzowi
	雪鹑属 Lerwa	雪鹑	Lerwa lerwa
	雉鹑属 Tetraophasis	红喉雉鹑*	Tetraophasis obscurus
	雪鸡属 Tetraogallus	藏雪鸡	Tetraogallus tibetanus
	山鹑属 Perdix	高原山鹑	Perdix hodgsoniae
	竹鸡属 Bambusicola	灰胸竹鸡*	Bambusicola thoracicus
	血雉属 Ithaginis	血雉	Ithaginis cruentus
	角雉属 Tragopan	红腹角雉	Tragopan temminckii
	勺鸡属 Pucrasia	勺鸡	Pucrasia macrolopha
	虹雉属 Lophophorus	绿尾虹雉*	Lophophorus lhuysii
	马鸡属 Crossoptilon	白马鸡*	Crossoptilon crossoptilon
	雉属 Phasianus	环颈雉	Phasianus colchicus
	锦鸡属 Chrysolophus	红腹锦鸡*	Chrysolophus pictus
		白腹锦鸡	Chrysolophus amherstiae

注："*"表示中国特有种，下同。

本科常见与代表种类如下。

斑尾榛鸡 *Tetrastes sewerzowi*

体长约35厘米。全身为褐色而多横斑。具明显冠羽，黑色喉块外缘白色。上体多褐色横斑而带黑。外侧尾羽远端白。眼后有一道白线，肩羽具近白色斑块，翼上覆羽端白。下体胸部棕色，及至臀部渐白，并密布黑色横斑。雌鸟色暗，喉部有白色细纹，下体多皮黄色。

虹膜褐色；嘴黑色；脚灰色。

多栖息于2800～3800米的针叶林林区、杜鹃林或灌丛等环境。随季节变化有垂直迁徙习性。

图片拍摄于：寡妇山/卧龙　2015/07

雪鹑 *Lerwa lerwa*

体长为35厘米左右。通体灰色，上体、头、颈及尾具黑色及白色细条纹，背及两翼淡染棕褐色，胸白且具宽的矛状栗色特征性条纹。

虹膜为红褐色；嘴绯红；脚橙红或深红色。

常见于海拔2900~5000米林线以上的高山草甸及碎石地带。主要以植物为食，同时也吃昆虫。有季节性垂直迁徙活动习性。

图片于：巴朗山/卧龙　2017/04

红喉雉鹑 *Tetraophasis obscurus*

中国特有鸟类。体长为50厘米左右。上体多为灰褐色,翅具白色或淡棕色端斑。胸灰色具黑色细纹。喉为栗红色,在栗红色喉斑外缘为近白色。眼周有猩红色裸皮。

虹膜褐色;嘴为灰色;脚深红色。主要栖息于3000~4000米高山针叶林林缘和灌丛地带,善地面行走和奔跑,不善飞行。主要以植物为食,也食一些昆虫等小型无脊椎动物。

图片拍摄于:花岩子/卧龙　摄影/喻小广　2017/04

藏雪鸡 *Tetraogallus tibetanus*

体长约53厘米。体羽多灰、白及皮黄色。头、胸及枕部灰,喉白,眉苍白,白色耳羽有时染皮黄色,胸两侧具白色圆形斑块。眼周裸露皮肤呈橘黄色。两翼具灰色及白色细纹,尾灰且羽缘赤褐。下体苍白,有黑色细纹。

常见于3800～4800米的高山灌丛、草甸、流石滩地区。栖息于多岩的高山草甸及流石滩,夏季高至海拔5000米,冬季下至海拔3000米。喜结群,多呈3～5只的小群活动。啄食植物的球茎、块根、草叶和小动物等。

图片拍摄于:寡妇山/卧龙 2015/07

高原山鹑 *Perdix hodgsoniae*

体长约30厘米。具醒目的白色眉纹和特有的栗色颈圈，眼下脸侧有黑色点斑。上体黑色横纹密布，外侧尾羽棕褐色。下体显黄白，胸部具很宽的黑色鳞状斑纹并至体侧。

虹膜红褐色；嘴为角质绿色；脚淡褐色。

栖息于海拔2800～4500米的高山裸岩、高山灌丛等多种生境，有季节性垂直迁徙现象。常成群活动。善奔跑，不善飞行。主要以高山植物和灌木的叶、芽、茎、浆果、种子、草籽、苔藓等为食，也食昆虫等动物性食物。

图片拍摄于：上牛棚/卧龙　2016/08

图片拍摄于：干海子/卧龙　2015/10

血雉 *Ithaginis cruentus*

体长约46厘米。具矛状长羽,冠羽蓬松,脸与腿猩红,翼及尾沾红的雉种。头近黑,具近白色冠羽及白色细纹。上体多灰带白色细纹,下体沾绿色。胸部红色多变。雌鸟色暗且单一,胸为皮黄色。

虹膜黄褐色;嘴近黑色而带红色蜡膜;脚红色。

常见活动于海拔2000~4000米的各类生境,有垂直迁徙习性。喜结群。

图片拍摄于:干海子/卧龙 2015/11

红腹角雉 *Tragopan temminckii*

体长约68厘米。尾短。雄鸟绯红，上体多有带黑色外缘的白色小圆点，下体带灰白色椭圆形点斑。头黑，眼后有金色条纹，脸部裸皮蓝色，具可膨胀的喉垂及肉质角。雌鸟较小，具棕色杂斑，下体有大块白色点斑。

虹膜褐色；嘴黑色，嘴尖粉红；脚粉色至红色。

多见于海拔2000～3800米的各类生境。

图片拍摄于：耿达天台山/卧龙　2017/05

绿尾虹雉 *Lophophorus lhuysii*

体长约76厘米。雄鸟具紫色金属样光泽。头绿色,枕部金色。下体黑色带绿色金属光泽。形长的冠羽绛紫色。雌鸟颜色浅淡,与其他虹雉的雌鸟区别在背部为白色。

虹膜褐色;嘴灰黑;脚为暗角质色。

多栖息于海拔3300~4200米的亚高山针叶林、杜鹃林及其林缘灌丛、草甸。

图片拍摄于:花岩子/卧龙　2017/05

白马鸡 *Crossoptilon crossoptilon*

体长约80厘米。具黑色蓬松的丝状尾羽。飞羽与尾蓝黑色，具有蓝紫色金属光泽。头顶黑，脸颊裸皮猩红。有白色髭须但不及其他种类长而成"耳"。

虹膜橘黄；嘴浅粉色；脚为红色。

多活动于海拔3100～4000米的各类生境。以小群活动。觅食于林间草地。不喜飞行，受惊扰时扎入附近灌丛。

图片拍摄于：贝母坪/卧龙　2016/06

图片拍摄于：干海子/卧龙　2015/11

环颈雉 *Phasianus colchicus*

雄鸟体长约85厘米。雄鸟头部具黑色光泽，有显眼的耳羽簇，宽大的眼周裸皮鲜红色。周身点缀着发光羽毛，从墨绿色至铜色至金色；两翼灰色，尾长而尖，褐色并带黑色横纹。雌鸟体型小，约60厘米，体色暗淡，周身密布浅褐色斑纹。

虹膜黄色；嘴为角质色；脚灰色。

多见于保护区海拔3000米以下的林区、灌丛、草丛及农耕地。

图片拍摄于：耿达/卧龙　2017/05

红腹锦鸡 *Chrysolophus pictus*

雄鸟体长约98厘米。头顶及背有耀眼的金色丝状羽；枕部披风为金色并具黑色条纹；上背金属绿色，下体绯红。翼为金属蓝色，尾长而弯曲，中央尾羽近黑且具皮黄色点斑，其余部位黄褐色。雌鸟体型较小，体长约56厘米。体为黄褐色，上体密布黑色带斑，下体淡皮黄色。

虹膜黄色；嘴绿黄；脚为角质黄色。

多见于海拔2600米以下的次生林或灌丛、农耕地、生境。单独或成小群活动。

图片拍摄于：喇嘛寺/卧龙　2015/08

二、雁形目 ANSERIFORMES

2. 鸭科 Anatidae

大中型游禽，羽毛致密，尾脂腺发达。喙多为扁平状，前趾间多具蹼。善游泳或潜水。

在保护区境内多为迁徙过境鸟类，迁徙季节常见于熊猫电站较为宽阔、平缓的水面或其他水域，具有数量少、停留时间短、种类变换快的特点。

本科鸟类在保护区境内有8属11种。

鸭科 Anatidae			
	雁属 Anser	斑头雁	Anser indicus
	麻鸭属 Tadorna	赤麻鸭	Tadorna ferruginea
	鸳鸯属 Aix	鸳鸯	Aix galericulata
	赤颈鸭属 Mareca	赤膀鸭	Mareca strepera
		赤颈鸭	Mareca penelope
	鸭属 Anas	绿头鸭	Anas platyrhynchos
		斑嘴鸭	Anas zonorhyncha
		绿翅鸭	Anas crecca crecca
	琵嘴鸭属 Spatula	琵嘴鸭	Spatula clypeata
	潜鸭属 Aythya	白眼潜鸭	Aythya nyroca
	秋沙鸭属 Mergus	普通秋沙鸭	Mergus merganser

本科常见与代表种类：

斑头雁 *Anser indicus*

体长约70厘米。顶白而头后有两道黑色条纹为本种特征。喉部白色延伸至颈侧。头部黑色图案在幼鸟时为浅灰色。飞行中上体均为浅色，仅翼部狭窄的后缘色暗。下体多为白色。

虹膜褐色；嘴鹅黄色，嘴尖黑；脚为橙黄色。

偶见于保护区境内。2017年3月，约20余只斑头雁歇息于卧龙耿达，停歇数日后离去。

图片拍摄于：耿达神树坪/卧龙　2016/03

赤麻鸭 *Tadorna ferruginea*

体长约63厘米。头皮黄。外形似雁。雄鸟夏季有狭窄的黑色领圈。飞行时白色的翅上覆羽及铜绿色翼镜明显可见。嘴和腿黑色。雌鸟羽色与雄鸟相似，但体色稍淡，头顶和头侧几白色，颈基无黑色领环。

虹膜褐色；嘴近黑色；脚黑色。

迁徙季节见于熊猫电站及皮条河水域。

图片拍摄于：熊猫电站/卧龙　2015/10

鸳鸯 *Aix galericulata*

体长约40厘米。雄鸟外表极为艳丽,有醒目的白色眉纹,金色颈、背部长羽形成独特的棕黄色帆状饰羽。雌鸟亮灰色体羽及雅致的白色眼圈及眼后线。

虹膜褐色;嘴雄鸟红色,雌鸟灰色;脚近黄色。

迁徙季节偶见于熊猫电站或其他水域。

图片拍摄于:熊猫电站/卧龙 2015/10

赤膀鸭 *Mareca strepera*

体长约50厘米。嘴黑或深灰色，头棕色，尾黑，次级飞羽具白斑及腿橘黄为其主要特征。嘴侧橘黄，腹部及次级飞羽白色。

虹膜褐色；嘴繁殖期雄鸟灰色，其他时候橘黄色但中部灰色；脚橘黄色。

迁徙季节多见于熊猫电站。

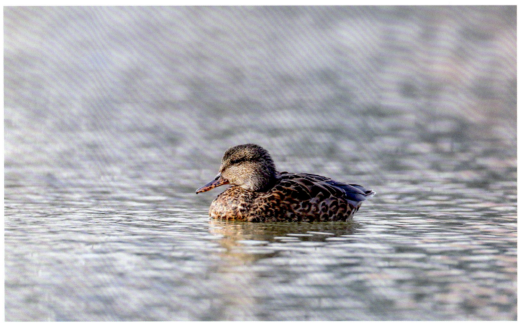

图片拍摄于：熊猫电站/卧龙　2016/11

赤颈鸭 *Mareca penelope*

体长约47厘米。雄鸟头栗色而带皮黄色冠羽，体羽多灰色，两胁有白斑，腹白，尾下覆羽黑色。飞行时白色翅羽与深色飞羽及绿色翼镜成对照。雌鸟通体棕褐或灰褐色，腹白。飞行时浅灰色的翅覆羽与深色的飞羽成对照。

虹膜棕色；嘴为蓝绿色；脚灰色。

迁徙季节见于熊猫电站及保护区其他水域。

图片拍摄于：熊猫电站/卧龙　2015/10

绿头鸭 *Anas platyrhynchos*

体长约58厘米。雄鸟头及颈深绿色带光泽,白色颈环使头与栗色胸隔开。雌鸟褐色斑驳,有深色的贯眼纹。

虹膜褐色;嘴为黄色;脚橘黄色。

迁徙季节多见于熊猫电站及保护区其他水域,以及河谷附近耕地。

图片拍摄于:沙湾皮条河/卧龙　2015/10

斑嘴鸭 *Anas zonorhyncha*

体长约60厘米。头色浅，顶及眼线色深，嘴黑而嘴端黄，繁殖期黄色嘴端顶尖有一黑点为本种特征。喉及颊皮黄。白色的三级飞羽停栖时有时可见，飞行时甚明显。两性同色，但雌鸟较暗淡。

虹膜褐色；嘴黑色而端黄；脚为珊瑚红色。

迁徙季节见于熊猫电站及保护区其他水域，以及河谷附近耕地。

图片拍摄于：熊猫电站/卧龙　2015/10

绿翅鸭 *Anas crecca crecca*

体长约37厘米。绿色翼镜在飞行时显而易见。雄鸟有明显的金属亮绿色，带皮黄色边缘的贯眼纹横贯栗色的头部，肩羽上有一道长长的白色条纹，深色的尾下羽外缘具皮黄色斑块；其余体羽多灰色。雌鸟褐色斑驳，腹部色淡。与雌性白眉鸭区别于翼镜亮绿色，前翼色深，头部色淡。

虹膜褐色；嘴、脚灰色。

迁徙季节见于熊猫电站以及河谷附近耕地。

图片拍摄于：沙湾皮条河/卧龙　2015/10

琵嘴鸭 *Spatula clypeata*

体长约50厘米。嘴特长，末端呈匙形而易识别。雄鸟腹部栗色，胸白，头深绿色而具光泽。雌鸟褐色斑驳，尾近白色，贯眼纹深色。飞行时浅灰蓝色的翼上覆羽与深色飞羽及绿色翼镜成对比。

虹膜褐色；繁殖期，雄鸟嘴近黑色，雌鸟嘴橘黄褐色；脚橘黄色。

迁徙季节偶见于熊猫电站水域。

图片拍摄于：熊猫电站/卧龙　2016/11

白眼潜鸭 *Aythya nyroca*

体长约41厘米。雄鸟头、颈、胸及两胁浓栗色，眼白色。雌鸟暗烟褐色，眼色淡。侧看头部羽冠高耸。飞行时飞羽为白色带狭窄黑色后缘。

虹膜雄鸟为白色，雌鸟褐色；嘴蓝灰色；脚灰色。

迁徙季节见于熊猫电站及保护区其他水域。

图片拍摄于：熊猫电站/卧龙　2016/11

普通秋沙鸭 *Mergus merganser*

体长约68厘米。细长的嘴端具钩。繁殖期雄鸟头及背部绿黑，与光洁的乳白色胸部及下体成对比。飞行时翼白而外侧三级飞羽黑色。雌鸟及非繁殖期雄鸟上体深灰，下体浅灰，头棕褐色而颏白。

虹膜褐色；嘴红色而钩端黑；脚红色。

迁徙季节见于皮条河及保护区其他水域。

图片拍摄于：沙湾皮条河/卧龙　2015/10

三、䴙䴘目 PODICIPEDIFORMES

3. 䴙䴘科 Podicipedidae

中小型游禽，雌雄相似，体形似鸭但较肥胖。嘴细直而尖，颈较细长。尾短小或似无，尾脂腺被羽。脚短并位于身体后部，跗蹠侧扁，四趾均具有宽阔的瓣状蹼。

栖息于江河、湖泊、水塘及沼泽地带。善游泳和潜水，不善行走。以鱼、虾、贝类、蛙类和水生昆虫为食。本科鸟类在保护区境内有2属3种。

䴙䴘科 Podicipedidae	小䴙䴘属 Tachybaptus	小䴙䴘	Tachybaptus ruficollis
	䴙䴘属 Podiceps	凤头䴙䴘	Podiceps cristatus
		黑颈䴙䴘	Podiceps nigricollis

小䴙䴘 Tachybaptus ruficollis

体长约27厘米。尾短、翅短、腿短，体形近乎椭圆。羽毛全为绒羽，松软如丝。冬羽上体灰褐，下体白；夏羽喉及前颈偏红，头顶及颈背深灰褐，上体褐色，下体偏灰，具明显黄色嘴斑。

小䴙䴘趾有宽阔的蹼，善于游泳、潜水而不善飞行。通常白天活动觅食，食物主要为各种小型鱼类、虾、甲壳类、软体动物和蛙等小型水生无脊椎动物和脊椎动物。

见于保护区境内低海拔地区河流水域。

图片拍摄于：熊猫电站/卧龙　2015/10

凤头䴙䴘 *Podiceps cristatus*

凤头䴙䴘是体型最大的一种䴙䴘，体长大约为50厘米以上，体重为0.5～1千克。嘴长而尖，从嘴角至眼睛具有一条黑线。夏羽在头后长出两撮小辫一样的黑色羽毛，向上直立，所以被叫做凤头䴙䴘。颈部有一饰羽形成像小斗蓬一样较为醒目的翎领。

主要以各种小型鱼类为食，也吃虾、甲壳类、软体动物等小型水生无脊椎动物，偶尔食少量水生植物。

迁徙季节偶见于保护区熊猫电站及皮条河。

图片拍摄于：熊猫电站/卧龙　2015/10

黑颈䴘 *Podiceps nigricollis*

体长约30厘米。颊部白色延伸至眼后呈月牙形,前颈黑色,飞行时无白色翼覆羽。眼圈白色。

虹膜红色;嘴黑色;脚灰黑。

迁徙季节偶见于保护区熊猫电站等宽阔水域。

图片拍摄于:熊猫电站/卧龙　2015/10

四、鸽形目 COLUMBIFORMES

4. 鸠鸽科 Columbidae

嘴爪平直或稍弯曲，嘴基部柔软，被以蜡膜，嘴端膨大而具角质；颈和脚均较短，胫全被羽。多以杂草种子、农作物种子和各类植物果实为食。

本科鸟类在保护区境内有2属6种。

鸠鸽科 Columbidae	鸽属 Columba	岩鸽	*Columba rupestris*
		雪鸽	*Columba leuconota*
		斑林鸽	*Columba hodgsonii*
	斑鸠属 Streptopelia	山斑鸠	*Streptopelia orientalis*
		火斑鸠	*Streptopelia tranquebarica*
		珠颈斑鸠	*Streptopelia chinensis*

本科常见与代表种类：

岩鸽 *Columba rupestris*

体长约32厘米。翼上具两道黑色横斑。非常似原鸽，但腹部及背色较浅，尾上有宽阔的偏白色次端带，灰色的尾基、浅色的背部及尾上的端带成明显对比。

虹膜浅褐色；嘴黑色，蜡膜肉色；脚红色。

在保护区见于海拔2800～4100米的林区、草甸。

图片拍摄于：上牛棚/卧龙　2016/07

雪鸽 *Columba leuconota*

体长约35厘米。头深灰；领、下背及下体白色；上背褐灰，腰黑色；尾黑，中间部位具白色宽带；翼灰，具两道黑色横纹。

虹膜黄色；嘴深灰色，蜡膜洋红色；脚红色。

多见于保护区海拔3000～4800米的林区、高山草甸、悬崖峭壁地区。成对或结小群活动。

图片拍摄于：花岩子/卧龙　2016/06

斑林鸽 *Columba hodgsonii*

体长约38厘米。翼覆羽多具白点。与其他所有鸽种的区别在颈部羽毛形长而具端环,体羽无金属光泽。头灰,上背绛紫色,下背灰色。

虹膜灰白色;嘴黑色,嘴基紫色;脚黄绿色,爪为艳黄色。

树栖性。多见于海拔2300~3400米亚高山多岩崖峭壁的阔叶林和针阔混交林区。

图片拍摄于:沙湾/卧龙 2017/06

山斑鸠 *Streptopelia orientalis*

体长约32厘米。颈侧有带明显黑白色条纹的块状斑。上体具深色扇贝斑纹，体羽羽缘棕色，腰灰，尾羽近黑，尾梢浅灰。下体多偏粉色。

虹膜黄色或黏红色；嘴灰色；脚粉红色。

常见于保护区海拔3200米以下的林区、农耕区。多为成对活动。

图片拍摄于：耿达/卧龙　2016/07

珠颈斑鸠 *Streptopelia chinensis*

体长约30厘米。尾略显长，外侧尾羽前端的白色甚宽，飞羽较体羽色深。明显特征为颈侧满是白点的黑色块斑。

虹膜橘黄色；嘴黑色；脚红色。

常见于保护区低海拔地区阔叶林、次生林及农耕地。

图片拍摄于：沙湾/卧龙　2015/07

五、夜鹰目　CAPRIMULGIFORMES

5. 夜鹰科 Caprimulgidae

体长多为15～28厘米，个别种类体长可达41厘米。头大而较平扁。嘴短弱，嘴裂宽阔，嘴须长。鼻呈管状。翅长而尖。尾长呈"凸"字状。

本科鸟类在保护区境内有1属1种。

| 夜鹰科 Caprimulgidae | 夜鹰属 *Caprimulgus* | 普通夜鹰 | *Caprimulgus indicus* |

普通夜鹰 *Caprimulgus indicus*

体长约28厘米。体具黑色纵纹或囊状纹，雄鸟外侧四对尾羽具白色斑纹。雌鸟似雄鸟，但白色块斑呈皮黄色。

虹膜褐色；嘴黑灰色；脚为巧克力色。

夏季偶见于阔叶林带。

图片拍摄于：木江坪/卧龙　2016/07

6. 雨燕科 Apodidae

体长13～21厘米。嘴短阔而平扁，无嘴须，嘴尖微向下弯曲，嘴裂甚宽阔。翅尖长，双翅折合时翅尖远超过尾端。尾为叉尾、平尾或方尾。脚和趾均短弱，四趾均向前或后趾能向前翻转。

本科鸟类在保护区境内有2属3种。

雨燕科 Apodidae	金丝燕属 Aerodramus	短嘴金丝燕	Aerodramus brevirostris
	雨燕属 Apus	白腰雨燕	Apus pacificus
		小白腰雨燕	Apus nipalensis

短嘴金丝燕 Aerodramus brevirostris

体长约14厘米。两翼长而钝，尾略呈叉形。腰部颜色有异，从浅褐至偏灰色，下体浅褐并具色稍深的纵纹。腿略覆羽。亚种*innominata*较指名亚种腰色更灰。亚种*inopina*色最重。亚种*rogersi*体型比指名亚种略小，且腰部色彩仅略深于背部，下体较白，腿无羽被。

虹膜色深；嘴黑色；脚黑色。

结群快速飞行于开阔的高山峰脊。

白腰雨燕 Apus pacificus

体长约18厘米。尾长而尾叉深，颏偏白，腰上有白斑。

虹膜深褐色；嘴黑色；脚偏紫色。

成群活动于开阔地区，常常与其他雨燕混合。

小白腰雨燕 Apus nipalensis

体长约15厘米。喉及腰白色，尾为凹形非叉形。

虹膜深褐色；嘴黑色；脚黑褐色。

常见留鸟及季节性候鸟，上至海拔1500米。成大群活动，在开阔地的上空捕食，飞行平稳。营巢于屋檐下、悬崖或洞穴口。

雨燕科鸟类生境。银厂沟口峭壁上的洞穴为白腰雨燕、短嘴金丝燕的巢区。2016/07

银厂沟口雨燕集群在空中觅食。2016/07

六、鹃形目　CUCULIFORMES

7. 杜鹃科 Cuculidae

小型至大中型鸟类，以中型居多。喙略下弯，上喙拱曲，有些种类侧扁或上喙高耸。不具蜡膜。喙叉大而有弹性，基部有一红块。羽色变化多，具横纹、纵纹或纯色，亦有具闪亮金属光泽者。翼尖长或圆短。对趾足，趾2前2后。

本科鸟类在保护区境内有5属8种。

杜鹃科 Cuculidae	鸦鹃属 Centropus	小鸦鹃	Centropus bengalensis
	凤头鹃属 Clamator	红翅凤头鹃	Clamator coromandus
	噪鹃属 Eudynamys	噪鹃	Eudynamys scolopaceus
	鹰鹃属 Hierococcyx	大鹰鹃	Hierococcyx sparverioides
	杜鹃属 Cuculus	小杜鹃	Cuculus poliocephalus
		四声杜鹃	Cuculus micropterus
		中杜鹃	Cuculus saturatus
		大杜鹃	Cuculus canorus

本科常见与代表种类：

小鸦鹃　Centropus bengalensis

体长约42厘米。尾长，似褐翅鸦鹃但体型较小，色彩暗淡，色泽显污浊。上背及两翼的栗色较浅且现黑色。亚成鸟具褐色条纹。

虹膜红色；嘴黑色；脚黑色。

春、夏季偶见于阔叶林带和农耕地带。

图片拍摄于：巴朗山/卧龙　2017/10

噪鹃 *Eudynamys scolopaceus*

体长约42厘米。雄鸟全身黑色,具有蓝绿色金属光泽。雌鸟上体暗灰褐色,布满白色斑点,下体灰白,颏至胸密布黑点,余部具黑色横斑。

虹膜红色;嘴浅绿色;脚蓝灰色。

春、夏季偶见于阔叶林带和农耕地带。

图片拍摄于:木江坪/卧龙 2016/07

大鹰鹃 *Hierococcyx sparverioides*

体长约40厘米。尾部次端斑棕红色，尾端白色；胸棕色，具白色及灰色斑纹；腹部具白色及褐色横斑而染棕色；颏黑色；眼圈为黄色。亚成鸟上体褐色带棕色横斑，下体皮黄而具近黑色纵纹。

虹膜橘黄色；上嘴黑色，下嘴黄绿色；脚浅黄色。

夏候鸟。多见于保护区海拔3400米以下的林区。

图片拍摄于：足木山/卧龙　2016/05

大杜鹃 *Cuculus canorus*

体长约32厘米。上体灰色,尾偏黑色,腹部近白而具黑色横斑。

虹膜及眼圈为黄色;上嘴为深灰色,下嘴为黄色;脚黄色。

夏候鸟。多见于保护区海拔3200米以下的林区、农耕地。偶见于海拔4000米以下的高山灌丛、草甸。

图片拍摄于:巴朗山/卧龙 2016/06

七、鹤形目　GRUIFORMES

8. 秧鸡科 Rallidae

小型至中型的陆地、沼泽地和水中生活的鸟类。身体短而侧扁，以利于在浓密的植物丛中穿行。头小，颈短或适中。嘴通常细长，稍大于头长。尾短，尾端方形或圆形，常摇摆或翘起尾羽以显示尾下覆羽的信号色。通常腿、趾均细长，有后趾。

本科鸟类在保护区境内有2属2种。

秧鸡科 Rallidae	苦恶鸟属 Amaurornis	白胸苦恶鸟	Amaurornis phoenicurus
	董鸡属 Gallicrex	董鸡	Gallicrex cinerea

本科常见与代表种类：

白胸苦恶鸟　*Amaurornis phoenicurus*

体长约33厘米。头顶及上体灰色，脸、额、胸及上腹部白色，下腹及尾下棕色。虹膜红色；嘴绿色，嘴基红色；脚黄色。

通常单独活动。偶见于保护区低海拔地区的河滩、灌丛或耕地。

图片拍摄于：耿达/卧龙　2016/06

八、鸻形目 CHARADRIIFORMES

9. 鹮嘴鹬科 Ibidorhynchidae

体型中等，嘴细长并向下弯曲。头较小，颈较长。翅长而尖，尾短小。脚细长，无后趾或后趾短小。体羽多为黑白二色，雌雄鸟羽色相似。

本科鸟类在保护区境内有1属1种。

鹮嘴鹬科 Ibidorhynchidae	鹮嘴鹬属 *Ibidorhyncha*	鹮嘴鹬	*Ibidorhyncha struthersii*

鹮嘴鹬 *Ibidorhyncha struthersii*

体长约40厘米的灰、黑及白色鹬类。识别特征为腿及嘴红色，嘴长且下弯。一道黑白色的横带将灰色的上胸与其白色的下部隔开。翼下白色，翼上中心具大片白色斑。

虹膜褐色；嘴绯红色；脚绯红色。

保护区内偶见于皮条河水域。

图片拍摄于：沙湾皮条河/卧龙　2015/11

10. 鸻科 Charadriidae

中小型涉禽。嘴短而直,先端隆起,鼻沟长,翅较尖端。尾短,跗蹠细长,后趾短小或缺,趾间无蹼。

本科鸟类在保护区境内有2属2种。

鸻科 Charadriidae	麦鸡属 Vanellus	凤头麦鸡	Vanellus vanellus
	鸻属 Charadrius	金眶鸻	Charadrius dubius

凤头麦鸡 Vanellus vanellus

体长约35厘米。体色亮丽,具黑、白及灰色的麦鸡。头及胸灰色;上背及背褐色具金属光泽;翼尖、胸带及尾部横斑黑色,翼后余部、腰、尾及腹部白色。

虹膜褐色;嘴黄色,先端黑;脚黄色。

迁徙季节见于耿达至卧龙关一带水域。

图片拍摄于:沙湾皮条河/卧龙　2016/11

金眶鸻 *Charadrius dubius*

体长约16厘米。嘴短。具黑或褐色的胸带。黄色眼圈明显,翼上无横纹。成鸟黑色部分在亚成鸟时为褐色。飞行时翼上无白色横纹。

虹膜褐色;嘴灰色;脚黄色。

多见于保护区河谷、耕地地区。

图片拍摄于:耿达皮条河/卧龙　2015/11

11. 鹬科 Scolopacidae

小型至中型涉禽。嘴形直,有时微向上或向下弯曲;鼻沟长度远超过上嘴的1/2;雌雄羽色及大小相同,跗骨后侧大多具盾状鳞,前缘亦具盾状鳞。

本科鸟类在保护区境内有3属8种。

鹬科 Scolopacidae	丘鹬属 Scolopax	丘鹬	Scolopax rusticola
	沙锥属 Gallinago	孤沙锥	Gallinago solitaria
		林沙锥	Gallinago nemoricola
	鹬属 Tringa	鹤鹬	Tringa erythropus
		红脚鹬	Tringa totanus
		白腰草鹬	Tringa ochropus
		泽鹬	Tringa stagnatilis
		林鹬	Tringa glareola

本科常见与代表种类:

红脚鹬 *Tringa totanus*

体长约28厘米。腿橙红色,嘴基半部为红色。上体褐灰,下体白色,胸具褐色纵纹。比相似物种鹤鹬体型小,矮胖,嘴较短较厚,嘴基红色较多。飞行时腰部白色明显,次级飞羽具明显白色外缘。尾上具黑白色细斑。

虹膜褐色;嘴基部红色,先端黑;脚橙红色。

迁徙季节偶见于保护区河谷水域及高山湖泊。

图片拍摄于:沙湾皮条河/卧龙　2016/06

泽鹬 *Tringa stagnatilis*

体长约23厘米。额白，嘴黑而细直，腿长而偏绿色。两翼及尾近黑色，眉纹较浅。上体灰褐，腰及下背白色，下体白色。

虹膜褐色；嘴黑色；脚偏绿色。

迁徙季节偶见于保护区河谷水域及高山湖泊。

图片拍摄于：熊猫电站/卧龙　2015/10

林鹬 *Tringa glareola*

体长约20厘米。纤细,褐灰色,腹部及臀偏白色,腰白色。上体灰褐色而极具斑点。具较长的白色眉纹。尾白而具褐色横斑。飞行时尾部的横斑、白色的腰部、下翼以及翼上无横纹,脚远伸于尾后。

虹膜褐色;嘴黑色;脚淡黄或橄榄绿色。

迁徙季节偶见于保护区河谷水域及高山湖泊。

图片拍摄于:巴朗山/卧龙 2016/10

12. 三趾鹑科 Turnicidae

小型鸟类，体形与鹌鹑相似但较小。翅与尾均较短小。脚具三趾，后趾退化。本科鸟类在保护区境内有1属1种。

| 三趾鹑科 Turnicidae | 三趾鹑属 Turnix | 黄脚三趾鹑 | Turnix tanki |

黄脚三趾鹑 Turnix tanki

体长约16厘米，习性似鹌鹑。只有三个前趾，缺少后趾。体为棕褐色，上体及胸两侧具明显的黑色点斑。飞行时翼覆羽淡皮黄色，与深褐色飞羽成对比。与其他三趾鹑区别在腿黄色。雌鸟的枕及背部较雄鸟多栗色。

虹膜黄色；上嘴角质黏黄色，下嘴黄色；脚为黄色。

偶见于海拔2300米以下灌木丛、草丛及耕作地。曾有观鸟者见于海拔3400米的花岩子。

图片拍摄于：木江坪/卧龙　2015/08

13. 燕鸻科 Glareolidae

中小型水鸟，体长16~27厘米。嘴短而宽，嘴尖较窄且微向下曲。翅狭长而尖，双翅折合时翅端长达或超过尾端。叉形尾或平尾。脚短并后趾发达。

本科鸟类在保护区境内有1属1种。

| 燕鸻科 Glareolidae | 燕鸻属 Glareola | 普通燕鸻 | Glareola maldivarum |

普通燕鸻 Glareola maldivarum

体长约25厘米。翼长，叉形尾，喉皮黄色具黑色边缘。上体棕褐色具橄榄色光泽；两翼近黑；尾上覆羽白色；腹部灰；尾下白；叉形尾黑色，但基部及外缘白色。

虹膜深褐色；嘴黑色，嘴基猩红色；脚深褐色。

迁徙季节偶见于保护区河谷、耕地地区。

图片拍摄于：沙湾/卧龙　2015/10

九、鹳形目 CICONIIFORMES

14. 鹳科 Ciconiidae

大型涉禽，体长可达130厘米。嘴、脚及颈均甚长。嘴基部甚厚，往尖端逐步变细。翅长而宽；尾较短。胫下部裸出，前面三趾基部有蹼相连。

本科鸟类在保护区境内有1属1种。

鹳科 Ciconiidae	鹳属 Ciconia	黑鹳	Ciconia nigra

黑鹳 Ciconia nigra

体长约100厘米。下胸、腹部及尾下白色，嘴及腿红色。黑色部位具绿色和紫色的光泽。飞行时翼下黑色，仅三级飞羽及次级飞羽内侧白色。眼周裸露皮肤红色。亚成鸟上体褐色，下体白色，嘴及脚为褐灰色。

虹膜褐色；嘴红色；脚红色。

罕见于保护区河流沿岸。

资料图片　2015/10

十、鲣鸟目 SULIFORMES

15. 鸬鹚科 Phalacrocoracidae

中型至大型的深色水鸟。嘴狭长而尖呈圆锥状,上嘴尖端向下弯曲呈钩状。眼周围裸露无羽。尾羽长直而硬,尾圆形或楔形。跗蹠粗短,趾间具蹼。

本科鸟类在保护区境内有1属1种。

| 鸬鹚科 Phalacrocoracidae | 鸬鹚属 Phalacrocorax | 普通鸬鹚 | Phalacrocorax carbo |

普通鸬鹚 Phalacrocorax carbo

体长约90厘米。有偏黑色闪光,嘴厚重,脸颊及喉白色。繁殖期颈及头饰以白色丝状羽,脸部有红色斑,两胁具白色斑块。

虹膜蓝色;嘴黑色,下嘴基裸露皮肤黄色;脚为黑色。

迁徙季节偶见于卧龙保护区熊猫电站及其他水域。主要通过潜水捕捉各种鱼类为食。

图片拍摄于:熊猫电站/卧龙　2015/11

十一、鹈形目 PELECANIFORMES

16. 鹭科 Ardeidae

鹭科的鸟类为大中型涉禽，主要栖息于湿地及附近林地，并具有喙长、颈长和腿长的特点。身体呈纺锤形，通常头顶有冠羽，胸前有饰羽。

本科鸟类在保护区境内有4属4种。

鹭科 Ardeidae	苇鳽属 Ixobrychus	栗苇鳽	Ixobrychus cinnamomeus
	夜鹭属 Nycticorax	夜鹭	Nycticorax nycticorax
	池鹭属 Ardeola	池鹭	Ardeola bacchus
	白鹭属 Egretta	白鹭	Egretta garzetta

本科常见与代表种类：

栗苇鳽 *Ixobrychus cinnamomeus*

体长约41厘米。成年雄鸟上体栗色，下体黄褐，喉及胸具由黑色纵纹而成的中线，两胁具黑色纵纹，颈侧具偏白色纵纹，繁殖期嘴基脸颊红色。雌鸟色暗，褐色较浓。亚成鸟下体具纵纹及横斑，上体具点斑。

虹膜黄色；嘴基部裸露皮肤橘黄色；嘴黄色；脚绿色。

见于保护区熊猫电站及河流与周边农耕地。

图片拍摄于：耿达/卧龙　2015/08

夜鹭 *Nycticorax nycticorax*

体长约61厘米。成鸟顶冠黑色，颈及胸白，颈背具两条白色丝状羽，背黑，两翼及尾灰色。亚成鸟具褐色纵纹及点斑。

成鸟虹膜鲜红，亚成鸟为黄色；嘴黑色；脚深黄色。

偶见于耿达至卧龙关一线河岸。

图片拍摄于：熊猫电站/卧龙　2015/07

池鹭 *Ardeola bacchus*

体长约47厘米。翼白色、身体具褐色纵纹。雌雄鸟同色,雌鸟体型略小。繁殖羽头及颈为深栗色,胸绛紫色。冬羽以及亚成鸟站立时具褐色纵纹,飞行时体白而背部深褐色。

虹膜褐色;嘴黄色(冬季),尖端黑色;腿及脚绿灰色。

常见于耿达至卧龙关一线河岸。

图片拍摄于:耿达/卧龙　2015/08

白鹭 *Egretta garzetta*

体长约60厘米。体形纤瘦。颈背着生两条狭长而软的矛状双辫,称辫羽;肩和胸着生蓑羽,冬羽时蓑羽常全部脱落。

虹膜黄色;脸部裸露皮肤黄绿色,繁殖期为淡粉色;嘴黑色;腿及脚黑色,趾为黄色。

见于卧龙保护区河谷及附近农耕地。

图片拍摄于:沙湾/卧龙 2015/07

十二、鹰形目 ACCIPITRIFORMES

17. 鹰科 Accipitridae

大中型猛禽，嘴短而强健，嘴基部被蜡膜，尖端呈钩状，爪强劲有力。体羽通常呈灰褐色或暗褐色。本科中胡兀鹫、金雕为国家一级重点保护野生鸟类，其他种类全部为国家二级重点保护野生鸟类。此科物种在保护区多数为留鸟，部分种类为迁徙过境鸟类，每年的4~5月在高山垭口、山脊地区可见猛禽集群迁徙过境场面。

本科鸟类在保护区境内有10属17种。

鹰科 Accipitridae	蜂鹰属 Pernis	凤头蜂鹰	Pernis ptilorhynchus
	胡兀鹫属 Gypaetus	胡兀鹫	Gypaetus barbatus
	兀鹫属 Gyps	高山兀鹫	Gyps himalayensis
	乌雕属 Clanga	乌雕	Clanga clanga
	秃鹫属 Aegypius	秃鹫	Aegypius monachus
	雕属 Aquila	草原雕	Aquila nipalensis
		金雕	Aquila chrysaetos
	鹰属 Accipiter	凤头鹰	Accipiter trivirgatus
		赤腹鹰	Accipiter soloensis
		日本松雀鹰	Accipiter gularis
		松雀鹰	Accipiter virgatus
		雀鹰	Accipiter nisus
		苍鹰	Accipiter gentilis
	鹞属 Circus	鹊鹞	Circus melanoleucos
	鸢属 Milvus	黑鸢	Milvus migrans
	鵟属 Buteo	大鵟	Buteo hemilasius
		普通鵟	Buteo japonicus

本科常见与代表种类如下。

凤头蜂鹰 *Pernis ptilorhynchus*

体长约58厘米。凤头或有或无。有浅色、中间色及深色三种色型。上体由白至赤褐至深褐色,下体满布点斑及横纹,尾具不规则横纹。所有型均具浅色喉块,缘以浓密的黑色纵纹,并常具黑色中线。两翼及尾狭长。飞行时振翼几次后便作长时间滑翔,两翼平伸翱翔高空。

虹膜橘黄色;嘴为灰色;脚黄色。

迁徙季节常见飞行于河谷至高山各林带上空。

图片拍摄于:野牛沟/卧龙　2016/07

胡兀鹫 *Gypaetus barbatus*

体长105～133厘米，体重3.5～5.5千克的大型猛禽。因其嘴角下生有一小簇形如胡须的黑色刚毛——髭须而得名。下体黄褐或黑褐色，上体褐色具皮黄色纵纹。飞行时两翼尖而直与楔形长尾为本种识别特征。

虹膜黄色或红色；嘴灰色；脚灰色。

留鸟，在保护区高山地带常年可见。

图片拍摄于：巴朗山/卧龙　2015/07

高山兀鹫 *Gyps himalayensis*

体长约120厘米，整体呈浅土黄色鹫类。头及颈略被白色绒羽，具皮黄色的松软领羽，下体具白色纵纹，初级飞羽黑色。飞行时翼下呈前端色浅而后端色深的反差，容易与其他鹫类所区别。

虹膜橘黄色；嘴灰色；脚灰色。

留鸟，在保护区高山地带常年可见。

图片拍摄于：干海子/卧龙　2016/11

图片拍摄于：巴朗山/卧龙　2016/07

秃鹫 *Aegypius monachus*

体长约100厘米。成鸟头裸出,皮黄色,喉及眼下部分黑色。具松软翎颌,颈部灰蓝。两翼长而宽,具平行的翼缘,后缘明显内凹,翼尖的七枚飞羽散开呈深叉形。尾短呈楔形,头及嘴甚强劲有力。

虹膜深褐色;嘴角质灰色,蜡膜蓝色;脚灰色。

在保护区高山地带常年可见,时常与高山兀鹫混群在高空盘旋。

图片拍摄于:巴朗山/卧龙　2015/11

草原雕 *Aquila nipalensis*

体长约65厘米。尾形平。成鸟下体具灰色稀疏的横斑，两翼具深色后缘。两翼较长，翼指展开度较宽。飞行时两翼平直，滑翔时两翼略弯曲。翼上具两道皮黄色横纹，尾上覆羽具"V"字形皮黄色斑。

虹膜浅褐色；嘴灰色，蜡膜黄色；脚黄色。

冬候鸟。多活动于3000米以上的亚高山、高山草甸地带。

图片拍摄于：巴朗山/卧龙　2018/03

金雕 *Aquila chrysaetos*

体长约85厘米。头具金色羽冠,嘴巨大。飞行时腰部白色明显可见。尾长而圆,两翼呈浅"V"形。与白肩雕的区别在肩部无白色。亚成鸟翼具白色斑纹,尾基部白色。

虹膜褐色;嘴灰色;脚黄色。

多见于巴朗山、英雄沟附近林区。

图片拍摄于:巴朗山/卧龙　2016/10

凤头鹰 *Accipiter trivirgatus*

体长约42厘米。具短羽冠。成年雄鸟上体灰褐，两翼及尾具横斑，下体棕色，胸部具白色纵纹，腹部及腿白色具近黑色粗横斑，颈白色，有近黑色纵纹至喉，具两道黑色髭纹。亚成鸟及雌鸟似成年雄鸟但下体纵纹及横斑均为褐色，上体褐色较淡。飞行时两翼显得比其他的同属鹰类较为短圆。

嘴灰色，蜡膜黄色；腿及脚黄色。

过境鸟类，冬季偶见于保护区境内林区。

图片拍摄于：足木山/卧龙　2018/01

黑鸢 *Milvus migrans*

体长约55厘米。身体暗褐色,尾较长呈浅叉状为本种识别特征。飞翔时翼下左右各有一块大的白斑。飞行时初级飞羽基部浅色斑与近黑色的翼尖呈现易见反差。

虹膜棕色;嘴灰色;蜡膜、脚为黄色。

见于保护区海拔3700米以下的林区、灌丛、草甸。

图片拍摄于:贝母坪/卧龙 2016/11

图片拍摄于:邓生沟/卧龙 2016/11

大鵟 *Buteo hemilasius*

体长约68厘米。额灰白,头顶、后颈浅褐色,具暗褐色纵纹。尾褐色具数道浅褐色横斑。翅、腿深褐色。颊、喉、胸栗褐色。下体浅栗色,具深栗色斑。

虹膜黄色或偏白;嘴黑褐色,蜡膜黄绿色;脚黄色。

偶见于亚高山林缘、灌丛草甸等开阔地带。

图片拍摄于:巴朗山/卧龙　2016/07

十三、鸮形目 STRIGIFORMES

18. 鸱鸮科 Strigidae

头大而圆,嘴侧扁而强壮,先端具钩,嘴基被蜡膜。面盘有或无,若有面盘呈圆形。眼大,位置向前,眼周细羽毛形成一圈皱领。有的种类有耳状簇羽。脚强健,多数被羽,外趾能反转。爪弯曲而锐利。羽毛蓬松,飞行无声,多为夜行性鸟类。

本科鸟类在保护区境内有6属9种。

鸱鸮科 Strigidae	角鸮属 Otus	领角鸮	*Otus lettia*
		红角鸮	*Otus sunia*
	雕鸮属 Bubo	雕鸮	*Bubo bubo*
	林鸮属 Strix	灰林鸮	*Strix aluco*
	鸺鹠属 Glaucidium	领鸺鹠	*Glaucidium brodiei*
		斑头鸺鹠	*Glaucidium cuculoides*
	小鸮属 Athene	纵纹腹小鸮	*Athene noctua*
	长耳鸮属 Asio	长耳鸮	*Asio otus*
		短耳鸮	*Asio flammeus*

本科常见与代表种类如下。

领角鸮 *Otus lettia*

体长约25厘米。具明显耳羽簇及特征性的浅沙色颈圈。上体偏灰或沙褐，并多具黑色及皮黄色的杂纹或斑块；下体皮黄色，条纹黑色。

虹膜深褐色；嘴黄色；脚深黄色。

偶见于阔叶林、农耕地带及居民区。

图片拍摄于：下木江坪/卧龙　2015/07

灰林鸮 *Strix aluco*

体长约43厘米。无耳羽簇，通体具浓红褐色的杂斑及棕纹，偶见偏灰个体。每片羽毛均具复杂的纵纹及横斑。上体有些许白斑，面盘之上有一偏白的"V"形。

虹膜深褐色；嘴黄色；脚黄色。

偶见于针阔混交林、阔叶林、农耕地带。

图片拍摄于：卧龙关村/卧龙　2016/11

领鸺鹠 *Glaucidium brodiei*

体长约16厘米。体多横斑，眼黄色，颈圈浅色，无耳羽簇。上体浅褐色而具橙黄色横斑；头顶灰色，具白或皮黄色的小型"眼状斑"；喉白而满具褐色横斑；胸及腹部皮黄色，具黑色横斑；腿及臀白色具褐色纵纹。颈背有橘黄色和黑色的假眼。

虹膜黄色；嘴角质色；脚灰色。

偶见于针阔混交林、阔叶林、农耕地带。

图片拍摄于：足木山/卧龙 2017/01

纵纹腹小鸮 *Athene noctua*

体长约23厘米，无耳羽簇。头顶平，眼亮黄而长凝。浅色的平眉及宽阔的白色髭纹。上体褐色，具白色纵纹及点斑。下体白色，具褐色杂斑及纵纹。肩上有两道白色或皮黄色的横斑。

虹膜为亮黄色；嘴角质黄色；脚为白色，并被羽。

多见于亚高山草甸、灌丛，以及低海拔的农耕地。

图片拍摄于：寡妇山/卧龙　2015/07

短耳鸮 *Asio flammeus*

体长约38厘米。翼长，面庞显著，耳羽簇短小，眼圈暗色。上体黄褐，满布黑色和皮黄色纵纹；下体皮黄色，具深褐色纵纹。飞行时可见黑色的腕斑。

虹膜黄色；嘴深灰色；脚灰白色。

冬季多活动于海拔3400米以下的各类生境以及河滩灌丛。

图片拍摄于：沙湾/卧龙　2015/10

十四、犀鸟目 BUCEROTIFORMES

19. 戴胜科 Upupidae

中型鸟类。嘴细长而向下弯曲。头顶具直立呈扇形的冠羽。翅短圆，方形尾。跗蹠短弱，中趾和外趾基部相连。

本科鸟类在保护区境内有1属1种。

戴胜科 Upupidae	戴胜属 *Upupa*	戴胜	*Upupa epops*

戴胜 *Upupa epops*

体长约30厘米，色彩鲜明。具长而尖黑的耸立粉棕色丝状冠羽。头、上背、肩及下体粉棕色，两翼及尾具黑白相间的条纹。嘴长且下弯。

虹膜褐色；嘴黑色；脚黑色。

保护区内多见于海拔3800米以下的草甸、林缘开阔地带及农耕地。

图片拍摄于：耿达、邓生/卧龙　2015/07

图片拍摄于:耿达、邓生/卧龙 2015/07

十五、佛法僧目 CORACIIFORMES

20. 翠鸟科 Alcedinidae

此科鸟类头大，颈短，翼短圆，尾亦大都短小；嘴形长大而尖，嘴峰圆钝，脚甚短，趾细弱，第4趾与第3趾大部分并连，与第2趾仅基部并连。

栖息和活动于水边。食物以小鱼为主，兼吃甲壳类和多种水生昆虫及其幼虫，也啄食小型蛙类和少量水生植物。

本科鸟类在保护区境内有2属2种。

翠鸟科 Alcedinidae	翡翠属 Halcyon	蓝翡翠	Halcyon pileata
	翠鸟属 Alcedo	普通翠鸟	Alcedo atthis

蓝翡翠 Halcyon pileata

体长约30厘米。以头黑为特征。翼上覆羽黑色，上体其余为亮丽华贵的蓝色或紫色。两胁及臀沾棕色。飞行时白色翼斑显见。

虹膜深褐色；嘴红色；脚红色。

偶见于保护区低海拔地区各种水域环境。

图片拍摄于：耿达/卧龙　2017/05

普通翠鸟 *Alcedo atthis*

体长约15厘米。上体金属浅蓝绿色,颈侧具白色点斑;下体橙棕色,颏白。亚成鸟色暗淡,具深色胸带。橘黄色条带横贯眼部。

虹膜褐色;雄鸟嘴黑色,雌鸟下颚橘黄色;脚为红色。

多见于保护区低海拔地区各种水域环境。

图片拍摄于:贾家沟/卧龙　2015/07

十六、啄木鸟目 PICIFORMES

21. 啄木鸟科 Picidae

中小型森林鸟类。嘴强直而坚，呈凿状，舌细长而能伸缩，先端列生短钩。尾羽羽轴粗短坚硬，凿木时具有支撑身体作用。脚稍短，脚为对趾型，2趾向前，2趾向后，爪尖锐，适于攀援。

本科鸟类在保护区境内有7属12种。

科	属	种	学名
啄木鸟科 Picidae	蚁䴕属 *Jynx*	蚁䴕	*Jynx torquilla*
	姬啄木鸟属 *Picumnus*	斑姬啄木鸟	*Picumnus innominatus*
	啄木鸟属 *Dendrocopos*	棕腹啄木鸟	*Dendrocopos hyperythrus*
		星头啄木鸟	*Dendrocopos canicapillus*
		赤胸啄木鸟	*Dendrocopos cathpharius*
		黄颈啄木鸟	*Dendrocopos darjellensis*
		白背啄木鸟	*Dendrocopos leucotos*
		大斑啄木鸟	*Dendrocopos major*
	北美啄木鸟属 *Picoides*	三趾啄木鸟	*Picoides tridactylus*
	黑啄木鸟属 *Dryocopus*	黑啄木鸟	*Dryocopus martius*
	绿啄木鸟属 *Picus*	灰头绿啄木鸟	*Picus canus*
	噪啄木鸟属 *Blythipicus*	黄嘴栗啄木鸟	*Blythipicus pyrrhotis*

本科常见与代表种类如下。

斑姬啄木鸟 *Picumnus innominatus*

体长约10厘米。背部具橄榄色。特征为下体多具黑点,脸及尾部具黑白色纹,尾较短。雄鸟前额橘黄色。

虹膜红色;嘴近黑;脚灰色。

多活动于低海拔混合林的枯树或树枝上,尤喜竹林。觅食时持续发出轻微的叩击声。

图片拍摄于:沙湾/卧龙　2018/01

棕腹啄木鸟 *Dendrocopos hyperythrus*

体长约21厘米。背、两翼及尾黑,上体具成排的白点;头侧及下体浓赤褐色为本种识别特征;臀红色。雄鸟顶冠及枕红色。雌鸟顶冠黑而具白点。

虹膜褐色;嘴灰色而端黑,下嘴暗黄色;脚灰色。

多见于针叶林与针阔混交林。

图片拍摄于:邓生沟/卧龙 2016/07

赤胸啄木鸟 *Dendrocopos cathpharius*

体长约18厘米。具宽宽的白色翼段，黑色的宽颊纹成条带延至下胸。绯红色胸块及红臀为识别特征。雄鸟枕部红色。雌鸟枕黑但颈侧或具红斑。亚成鸟顶冠全红但胸无红色。

虹膜略偏红色；嘴暗灰；脚近绿色。

多活动于针阔混交林与阔叶林。

图片拍摄于：贝母坪/卧龙　2015/07

黄颈啄木鸟 *Dendrocopos darjellensis*

体长约25厘米。脸浓茶黄色,胸部具黑色重纹,臀部淡绯红色。背全黑,具宽的白色肩斑,两翼及外侧尾羽具成排的白点。雄鸟枕部绯红,雌鸟黑色。

虹膜红色;嘴灰色而端黑;脚近绿色。

多活动于针阔混交林与阔叶林。

图片拍摄于:足木山/卧龙　2016/02

白背啄木鸟 *Dendrocopos leucotos*

体长约25厘米。特征为下背白色。雄鸟顶冠全绯红，雌鸟顶冠黑，额白。下体白而具黑色纵纹，臀部浅绯红。两翼及外侧尾羽白点成斑。

虹膜褐色；嘴黑色；脚灰色。

多活动于针阔混交林与阔叶林。

图片拍摄于：五一棚/卧龙　2017/12

大斑啄木鸟 *Dendrocopos major*

体长约24厘米。雄鸟枕部具狭窄红色带，而雌鸟无。两性臀部均为红色，带黑色纵纹的近白色胸部上无红色或橙红色。

虹膜近红色；嘴灰色；脚灰色。

多活动于针阔混交林与阔叶林。

图片拍摄于：野牛沟/卧龙　2016/07

灰头绿啄木鸟 *Picus canus*

体长约27厘米。下体全灰，颊及喉亦灰。雄鸟前顶冠猩红，眼先及狭窄颊纹黑色。枕及尾黑色。雌鸟顶冠灰色而无红斑。嘴相对短而钝。

虹膜红褐色；嘴灰色；脚蓝灰色。

多活动于针阔混交林与阔叶林。

图片拍摄于：足木山/卧龙　2015/07

十七、隼形目　FALCONIFORMES

22. 隼科 Falconidae

隼科多为小型猛禽。嘴短而强健，尖端钩曲。翅长而尖。尾较长，多为圆尾或凸尾。爪钩曲而锐利。

本科鸟类在保护区境内有1属4种。

隼科 Falconidae	隼属 Falco	红隼	Falco tinnunculus
		灰背隼	Falco columbarius
		燕隼	Falco subbuteo streichi
		猎隼	Falco cherrug

本科常见与代表种类：

红隼　Falco tinnunculus

体长约34厘米。雄鸟头顶及颈背灰色，尾蓝灰无横斑，上体赤褐略具黑色横斑，下体皮黄而具黑色纵纹。雌鸟体型略大，上体全褐，比雄鸟少赤褐色而多粗横斑。

虹膜褐色；嘴灰色先端黑，蜡膜黄色；脚黄色。

留鸟。常见于保护区境内各种生境。

图片拍摄于：巴朗山/卧龙　2015/07

猎隼 *Falco cherrug*

体长约50厘米。颈背偏白,头顶浅褐。头部对比色少,眼下方具不明显黑色线条,眉纹白。上体多褐色而略具横斑,与翼尖的深褐色成对比。尾具狭窄的白色羽端。下体偏白色,狭窄翼尖深色,翼下大覆羽具黑色细纹。

虹膜褐色;嘴灰色,蜡膜浅黄色;脚浅黄色。

迁徙季节偶见于亚高山、高山地区。

图片拍摄于:花岩子/卧龙　2015/10

十八、雀形目　PASSERIFORMES

23. 黄鹂科 Oriolidae

体型中等，体长为23～27厘米。嘴粗厚，先端微向下弯曲。体色较明亮艳丽；翅尖长；尾较短。

本科鸟类在保护区境内有1属1种。

黄鹂科 Oriolidae	黄鹂属 Oriolus	黑枕黄鹂	Oriolus chinensis

黑枕黄鹂　Oriolus chinensis

体长约26厘米。体色以黄色与黑色为主。嘴较粗壮。贯眼纹及颈背黑色，飞羽多为黑色。雄鸟体羽余部艳黄色，颈背的黑带较宽。雌鸟色较暗淡，背为橄榄黄色。

虹膜红色；嘴粉红色；脚近黑色。

夏季偶见于低海拔地区或农耕地带。

图片拍摄于：核桃坪/卧龙　2015/08

24. 莺雀科 Vireonidae

小型至中型鸟类，看似粗壮。嘴粗短。多数种类体色较艳丽，具有显著的白眉或白眼圈。翅短圆呈平尾状。

本科鸟类在保护区境内有1属1种。

| 莺雀科 Vireonidae | 鸦鹛属 Pteruthius | 淡绿鸦鹛 | Pteruthius xanthochlorus |

淡绿鸦鹛 Pteruthius xanthochlorus

体长约12厘米。似柳莺但体形粗壮且动作不灵活，黑色的嘴粗厚。特征为眼圈白，喉及胸偏灰色，腹部、臀及翼浅黄色。初级覆羽灰色，具浅色翼斑。

虹膜灰褐色；嘴蓝灰色，嘴端黑色；脚灰色。

见于阔叶林、次生林及灌丛。

图片拍摄于：足木山/卧龙　2018/01

25. 山椒鸟科 Campephagidae

本科鸟类嘴较短，嘴基较宽阔，上嘴先端微向下弯曲。翅较尖长，为呈凸状或叉状。脚细弱。主要栖息于林地中，喜结群活动。主要以昆虫和植物果实与种子为食。本科鸟类在保护区境内有2属3种。

山椒鸟科 Campephagidae	*Lalage*	暗灰鹃鵙	*Lalage melaschistos*
	山椒鸟属 *Pericrocotus*	长尾山椒鸟	*Pericrocotus ethologus*
		短嘴山椒鸟	*Pericrocotus brevirostris*

注：部分属名无正式中文名，下同。

本科常见与代表种类：

暗灰鹃鵙 *Lalage melaschistos*

体长约23厘米。雄鸟青灰色，两翼亮黑，尾下覆羽白色，尾羽黑色，三枚外侧尾羽的羽尖白色。雌鸟似雄鸟，但色浅，下体及耳羽具白色横斑，白色眼圈不完整，翼下通常具一小块白斑。

虹膜红褐色；嘴黑黏绿色；脚铅蓝色。

多栖于甚开阔的阔叶林带。随季节具有垂直迁徙习性。

图片拍摄于：川北营/卧龙　2017/05

长尾山椒鸟 *Pericrocotus ethologus*

体长约20厘米。具红色或黄色斑纹，尾形长。红色雄鸟与粉红山椒鸟及灰喉山椒鸟的区别在喉黑；与短嘴山椒鸟的区别在翼斑形状不同且色泽较淡，下体红色。雌鸟与灰喉山椒鸟易混淆，区别仅在上嘴基具模糊的暗黄色。

虹膜褐色；嘴黑色；脚黑色。

常见于海拔3000米以下的针阔混交林、阔叶林带。

图片拍摄于：沙湾/卧龙　2015/08

26. 扇尾鹟科 Rhipiduridae

小型鸟类，体长为17～19厘米。嘴较短阔。体色通常为深灰色或较暗。头具明显的白色眉纹。尾甚长，常散开呈扇状。

本科鸟类在保护区境内有1属1种。

| 扇尾鹟科 Rhipiduridae | 扇尾鹟属 *Rhipidura* | 白喉扇尾鹟 | *Rhipidura albicollis* |

白喉扇尾鹟 *Rhipidura albicollis*

体长约19厘米。几乎全身深灰色，颏、喉、眉纹及尾端白色，下体深灰色。尾较长而宽，常散开呈扇状。除中央尾羽外，其余尾羽均具宽阔的白色羽端。

虹膜褐色；嘴黑色；脚黑色。

见于低海拔阔叶林间及农耕地带。

图片拍摄于：沙湾/卧龙　2016/09

27. 卷尾科 Dicruridae

该科鸟类体型中等大小。嘴形强健；嘴峰稍曲，先端具钩；嘴须存在。鼻孔为垂羽悬掩。初级飞羽10枚，一般翅形长而稍尖。尾长而呈叉状；尾羽10枚，有些种类的外侧尾羽向外上方卷曲。跗蹠而强健，前缘具盾状鳞。体羽灰或黑色。

树栖鸟类，善于空中滑翔，捕食空中飞行的昆虫。

本科鸟类在保护区境内有1属2种。

卷尾科 Dicruridae	卷尾属 Dicrurus	黑卷尾	*Dicrurus macrocercus*
		发冠卷尾	*Dicrurus hottentottus*

黑卷尾 *Dicrurus macrocercus*

体长30厘米左右。蓝黑色而具辉光。嘴小，尾长而叉深。亚成鸟下体下部具近白色横纹。

虹膜红色；嘴黑色；脚黑色。

夏季见于低海拔地区阔叶林带或农耕地带。

图片拍摄于：木江坪/卧龙　2015/08

发冠卷尾 *Dicrurus hottentottus*

体长约32厘米。头具细长羽冠，体羽斑点闪烁。尾长而分叉，外侧羽端钝而上翘形似竖琴。嘴较厚重。

虹膜红或白色；嘴黑色；脚黑色。

夏季偶见于低海拔地区阔叶林带或农耕地带。

图片拍摄于：核桃坪/卧龙　2015/08

28. 伯劳科 Laniidae

中小型鸣禽。喙粗壮而侧扁，先端具利钩和齿突，嘴须发达；翅短圆；尾长，圆形或楔形；跗蹠强健，趾具钩爪。头大，自嘴基过眼至耳羽区有一宽的贯眼纹。

为"雀中猛禽"，以昆虫、蛙、蜥蜴等小动物为食，大型伯劳可捕食鼠类及小鸟。常将猎物挂在树枝上，有"屠夫鸟"之称。

本科鸟类在保护区境内有1属4种。

伯劳科 Laniidae	伯劳属 Lanius	牛头伯劳	Lanius bucephalus
		红尾伯劳	Lanius cristatus
		棕背伯劳	Lanius schach
		灰背伯劳	Lanius tephronotus

本科常见与代表种类如下：

棕背伯劳 Lanius schach

体长25厘米左右。额、眼纹、两翼及尾黑色，翼有一白色斑；头顶及颈背灰色或灰黑色；背、腰及体侧红褐色；颏、喉、胸及腹中心部位白色。亚成鸟体色较暗，两胁及背具横斑，头及颈背灰色较重。尾较长。

虹膜褐色；嘴黑色；脚黑色。

多见于低海拔地区的阔叶林、农耕地带。

图片拍摄于：耿达/卧龙 2015/07

灰背伯劳 *Lanius tephronotus*

体长25厘米左右。尾较长。似棕背伯劳但区别在上体深灰色，仅腰及尾上覆羽具狭窄的棕色带。初级飞羽的白色斑块小或无。

虹膜褐色；嘴黑色；脚绿色。

多活动于海拔3400米以下的灌丛、草地及农耕地。

图片拍摄于：贝母坪/卧龙　2015/07

29. 鸦科 Corvidae

中型至大型鸟类。体壮，喙短粗，尾较短，羽色暗淡，羽衣可为单色的，或有对比明显的花纹。通常有光泽，雌雄相似。圆形的鼻孔被羽毛覆盖，尾羽和翼羽发达。

本科鸟类在保护区境内有7属9种。

鸦科 Corvidae	松鸦属 Garrulus	松鸦	Garrulus glandarius
	灰喜鹊属 Cyanopica	灰喜鹊	Cyanopica cyanus
	蓝鹊属 Urocissa	红嘴蓝鹊	Urocissa erythroryncha
	鹊属 Pica	喜鹊	Pica pica
	星鸦属 Nucifraga	星鸦	Nucifraga caryocatactes
	山鸦属 Pyrrhocorax	红嘴山鸦	Pyrrhocorax pyrrhocorax
		黄嘴山鸦	Pyrrhocorax graculus
	鸦属 Corvus	小嘴乌鸦	Corvus corone
		大嘴乌鸦	Corvus macrorhynchos

本科常见与代表种类：

松鸦 *Garrulus glandarius*

体长约35厘米。特征为翼上具黑色及蓝色镶嵌图案，腰白色。髭纹黑色，两翼黑色具白色块斑。飞行时两翼显得宽圆。飞行沉重，振翼无规律。

虹膜浅褐色；嘴灰色；脚肉棕色。

偶见于低海拔地区阔叶林带。

图片拍摄于：卧龙关/卧龙　2015/07

灰喜鹊 *Cyanopica cyanus*

体长35厘米左右，体形细长的灰色喜鹊。顶冠、耳羽及后枕黑色，两翼天蓝色，尾长并呈蓝色。

虹膜褐色；嘴黑色；脚黑色。

冬季偶见于河谷地带的沙棘林间。

图片拍摄于：日隆沟/卧龙　2016/11

红嘴蓝鹊 *Urocissa erythroryncha*

体长68厘米左右，且具长尾的亮丽蓝鹊。头黑而顶冠白。腹部及臀白色，尾楔形，外侧尾羽黑色而端具白斑。

虹膜红色；嘴红色；脚红色。

常见于低海拔地区的阔叶林、农耕区及居民区。

图片拍摄于：沙湾/卧龙　2015/07

喜鹊 *Pica pica*

体长约45厘米。头、胸及背为黑色,腹白色。翅及长尾为紫蓝色具金属光泽。
虹膜褐色;嘴黑色;脚黑色。
广布于保护区内各类生境。

图片拍摄于:耿达/卧龙　2016/11

星鸦 *Nucifraga caryocatactes*

体长约33厘米。体色深褐色而密布白色点斑。臀及尾角白色,尾短,喙强直,使之看上去特显壮实。

虹膜深褐色;嘴黑色;脚黑色。

多见于针阔混交林带。

图片拍摄于:卧龙关/卧龙 2015/07

红嘴山鸦 *Pyrrhocorax pyrrhocorax*

体长45厘米左右。鲜红色的嘴短而下弯。亚成鸟似成鸟但嘴较黑。

虹膜偏红色；嘴红色。

多见于亚高山草甸、灌丛地带。

图片拍摄于：巴朗山/卧龙　2015/10

黄嘴山鸦 *Pyrrhocorax graculus*

体长38厘米左右。黄色的嘴细而下弯，腿红色。似红嘴山鸦，但嘴较短。飞行时尾更显圆，歇息时尾显较长，远伸出翼后。飞行时两翼不成直角。

虹膜深褐色；嘴黄色；脚红色。

多见于亚高山草甸、灌丛地带。

图片拍摄于：巴朗山/卧龙　2015/10

小嘴乌鸦 *Corvus corone*

体长约50厘米。与秃鼻乌鸦的区别在嘴基部被黑色羽，与大嘴乌鸦的区别是额弓较低，嘴虽强劲但形显细小。

虹膜褐色；嘴黑色；脚黑色。

多见于保护区境内各种生境。

图片拍摄于：卧龙关/卧龙　2016/11

大嘴乌鸦 *Corvus macrorhynchos*

体长52厘米左右。嘴甚粗厚。比渡鸦体小而尾较平。与小嘴乌鸦的区别在嘴粗厚而尾圆，头顶更显拱圆形。

虹膜褐色；嘴黑色；脚黑色。

广布于保护区境内各种生境。

图片拍摄于：巴朗山/卧龙　2015/10

30. 玉鹟科 Stenostiridae

小型鸟类，体长为12~14厘米。嘴细长，先端微向下弯。翅短圆；尾较长，呈扇形或方形。

本科鸟类在保护区境内有1属1种。

| 玉鹟科 Stenostirudae | 方尾鹟属 Culicicapa | 方尾鹟 | Culicicapa ceylonensis |

方尾鹟 Culicicapa ceylonensis

体长约13厘米。头偏灰，略具冠羽，上体橄榄色，下体黄色。

虹膜褐色；上嘴黑色，下嘴角质色；脚黄褐色。

见于低海拔阔叶林间及农耕地带。

图片拍摄于：足木山/卧龙　2018/10

31. 山雀科 Paridae

小型鸟类。嘴短而强，略呈圆锥状。翅短圆，尾为方尾或圆尾。雌雄羽色相似。本科鸟类在保护区境内有7属11种。

山雀科 Paridae	火冠雀属 Cephalopyrus	火冠雀	Cephalopyrus flammiceps
	黄眉林雀属 Sylviparus	黄眉林雀	Sylviparus modestus
	黑冠山雀属 Periparus	黑冠山雀	Periparus rubidiventris
		煤山雀	Periparus ater
	黄腹山雀属 Pardaliparus	黄腹山雀*	Pardaliparus venustulus
	冠山雀属 Lophophanes	褐冠山雀	Lophophanes dichrous
	高山山雀属 Poecile	红腹山雀*	Poecile davidi
		沼泽山雀	Poecile palustris
		褐头山雀	Poecile montannus
	山雀属 Parus	大山雀	Parus cinereus
		绿背山雀	Parus monticolus

本科常见与代表种类：

火冠雀 Cephalopyrus flammiceps

体型甚小，体长约10厘米，形似啄花鸟。雄鸟特征为前额及喉中心棕色，喉侧及胸黄色，上体橄榄色，翼斑黄色。雌鸟暗黄橄榄色，下体皮黄，翼斑黄色，贯眼纹色浅。

虹膜褐色；嘴黑色；脚灰色。

多见于阔叶林及林下灌丛。

图片拍摄于：足木山/卧龙　2016/04

煤山雀 *Periparus ater*

体长约11厘米。头顶、颈侧、喉及上胸黑色。翼上具两道白色翼斑以及颈背部的大块白斑使之有别于褐头山雀及沼泽山雀。背灰色或橄榄灰色，白色的腹部或有或无皮黄色。多数亚种具尖状的黑色冠羽。

虹膜褐色；嘴黑色，边缘灰色；脚青灰色。

常见于保护区各类林区及农耕地。

图片拍摄于：邓生沟/卧龙　2015/07

褐冠山雀 *Lophophanes dichrous*

体长约12厘米。冠羽显著，体羽无黑色或黄色，但具皮黄色与白色的半颈环。上体暗灰；下体随亚种不同从皮黄色至黄褐色变化。

虹膜红褐色；嘴近黑色；脚蓝灰色。

常见于保护区各类林区及农耕地。

图片拍摄于：巴朗山/卧龙 2015/10

红腹山雀 *Poecile davidi*

体长13厘米左右。头及胸兜暗黑，松软白色颊斑，颈圈棕色，下体栗黄色，背、两翼及尾橄榄灰色，飞羽具浅色边缘。

虹膜深褐色；嘴黑色；脚深灰色。

常见于阔叶林及林下灌丛。

图片拍摄于：沙湾/卧龙　2015/07

大山雀 *Parus cinereus*

体长14厘米左右。体色黑、灰及白色山雀。头及喉辉黑，与脸侧白斑及颈背块斑成强对比；翼上具一道醒目的白色条纹，一道黑色带沿胸中央而下。雄鸟胸带较宽，幼鸟胸带减为胸兜。

虹膜暗棕色；嘴黑色；脚深灰色。

多见于低海拔地区阔叶林、次生林及农耕地。

图片拍摄于：沙湾/卧龙　2015/07

绿背山雀 *Parus monticolus*

体长约13厘米。头及喉辉黑色,与脸侧白斑成强对比,似腹部黄色的大山雀亚种,但区别在上背绿色且具两道白色翼纹。

虹膜褐色;嘴黑色;脚青石灰色。

常见于保护区各类林区及农耕地。

图片拍摄于:沙湾/卧龙 2016/07

32. 百灵科 Alaudidae

本科鸟类叫声动听，体型大小似麻雀，头上常有或明显或不明显的羽冠，羽毛颜色暗淡，善于飞行，求偶炫耀飞行时能"悬停"在空中。后趾具1长而直的爪；跗蹠后缘具盾状鳞；喙短而近锥形，适于啄食种子；翅尖而长，内侧飞羽（三级飞羽）较长；尾羽中等长度，具浅叉，外侧尾羽常具白色。

本科鸟类在保护区境内有2属2种。

百灵科 Alaudidae	短趾百灵属 Calandrella	细嘴短趾百灵	Calandrella acutirostris
	云雀属 Alauda	小云雀	Alauda gulgula

细嘴短趾百灵 Calandrella acutirostris

体长约14厘米。颈侧具黑色的小块斑，上体具少量近黑色纵纹，短眉纹皮黄色。野外与大短趾百灵易混淆，区别在体羽灰色较重，且深褐色的外侧尾羽羽端白色，但外侧尾羽的白色甚少，眉纹较细，嘴较长而尖。

虹膜褐色；嘴粉红色；脚偏粉色。

见于高山草甸地区。

图片拍摄于：干海子/卧龙　2015/07

小云雀 *Alauda gulgula*

体长约15厘米。略具浅色眉纹及羽冠。
虹膜褐色；嘴角质色；脚肉色。
偶见于保护区河谷与农耕地区。

图片拍摄于：沙湾/卧龙　2016/11

33. 扇尾莺科 Cisticolidae

小型鸟类，体长通常为9～13厘米，个别种类体长可达19厘米。体形纤细瘦小，体羽多为褐色。翅短圆；尾甚长，飞行或停歇时尾常不停地上下翘动。

本科鸟类在保护区境内有2属2种。

扇尾莺科 Cisticolidae	扇尾莺属 Cisticola	棕扇尾莺	Cisticola juncidis
	山鹪莺属 Prinia	纯色山鹪莺	Prinia inornata

本科常见与代表种类：

纯色山鹪莺 Prinia inornata

体长约15厘米。全身褐色，体下较淡，有黄白色眉线，眉纹色浅，上体暗灰褐，下体淡皮黄色至偏红褐色。

虹膜浅褐色；嘴近黑色；脚粉红色。

常见于低海拔灌草丛、农耕区。

图片拍摄于：沙湾/卧龙　2015/07

34. 鳞胸鹪鹛科 Pnoepygidae

小型鸟类，体长8～10厘米。体形短而圆，尾甚短而形似无尾。体羽多为橄榄褐色，密布明显的鳞状斑纹。跗蹠长而强健，善地面、灌丛行走、跳跃。

本科鸟类在保护区境内共1属2种。

鳞胸鹪鹛科 Pnoepygidae	鳞胸鹪鹛属 Pnoepyga	鳞胸鹪鹛	Pnoepyga albiventer
		小鳞胸鹪鹛	Pnoepyga pusilla

本科常见与代表种类：

小鳞胸鹪鹛 *Pnoepyga pusilla*

体长约9厘米。几乎无尾，体羽具醒目的扇贝形斑纹。头顶和上背羽缘黑褐色，翅上覆羽具棕色点斑。上体的点斑区仅限于下背及覆羽，头顶点斑不明显。

虹膜深褐色；嘴黑色；脚淡褐色。

偶见于保护区海拔3200米以下林区的灌、草丛。

资料图片　摄影/曾元福　2016/08

35. 蝗莺科 Locustellidae

小型鸟类，本科鸟类体长在10～20厘米。体羽多为褐色，体色单一。翅短圆。多数种类通常尾较长，尾呈楔状或凸尾状。

本科鸟类在保护区境内有1属2种。

蝗莺科 Locustellidae	蝗莺属 Locustella	斑胸短翅蝗莺	Locustella thoracica
		棕褐短翅蝗莺	Locustella luteoventris

斑胸短翅蝗莺 Locustella thoracica

体长约13厘米。两翼短宽，眉纹苍白。上体褐色，顶冠沾棕色；下体偏白，喉具深色点斑，胸带灰色，两胁偏褐；尾下覆羽褐色，羽端白而成宽锯齿形。

虹膜深褐色；嘴黑色；脚粉至褐色。

繁殖于林线以上高至海拔4300米的林间及杜鹃灌丛，冬季下至山谷地带。

图片拍摄于：耿达/卧龙 2017/07

棕褐短翅蝗莺 *Locustella luteoventris*

体长约14厘米。两翼宽短,皮黄色的眉纹甚不清晰。颏、喉及上胸白;脸侧、胸侧、腹部及尾下覆羽浓皮黄褐,尾下覆羽羽端近白而看似有鳞状纹。

虹膜褐色;上嘴色深,下嘴粉红色;脚粉红色。

栖息于海拔1200~3800米的林间、次生灌丛、草地及蕨丛。

图片拍摄于:寡妇山/卧龙　2015/07

36. 燕科 Hirundinidae

体长12～23厘米的小型鸟类，体小呈流线形，以活动敏捷，擅长飞行而著称。喙平直，脚细弱，翼尖且长。尾羽分叉。善于在高空疾飞啄取昆虫。喙短而宽扁，基部宽大，呈倒三角形，上喙近先端有一缺刻；口裂极深，嘴须不发达。雌雄羽色相似，体羽大多黑色或灰褐色。

本科鸟类在保护区境内有3属3种。

燕科 Hirundinidae	燕属 *Hirundo*	家燕	Hirundo rustica
	岩燕属 *Ptyonoprogne*	岩燕	Ptyonoprogne rupestris
	毛脚燕属 *Delichon*	烟腹毛脚燕	Delichon dasypus

本科常见与代表种类：

家燕 *Hirundo rustica*

体长约20厘米。上体蓝色并具有金属光泽；胸偏红而具一道蓝色胸带。腹部白色。尾甚长，近端处具白色点斑。

虹膜褐色；嘴黑色；脚黑色。

夏季多见于低海拔农耕区与居民区。

图片拍摄于：沙湾/卧龙　2016/06

烟腹毛脚燕 *Delichon dasypus*

体长约13厘米。腰白,尾浅叉,下体偏灰,上体钢蓝色,腰白,胸烟白色。
虹膜褐色;嘴黑色;脚粉红色,被白色羽至趾。
常单独或结群在空中飞翔捕食。多在岩石缝隙中筑巢。

图片拍摄于:邓生沟/卧龙　2015/07

图片拍摄于:花岩子/卧龙　2016/07

37. 鹎科 Pycnonotidae

体型中等，体长为17～23厘米。嘴粗厚或细长并微向下弯曲。翅尖长或端圆。尾较长，呈方尾或圆尾状。跗蹠短弱。雌雄大多羽色相似。

本科鸟类在保护区境内有3属4种。

鹎科 Pycnonotidae	雀嘴鹎属 Spizixos	领雀嘴鹎	Spizixos semitorques
	鹎属 Pycnonotus	黄臀鹎	Pycnonotus xanthorrhous
		白头鹎	Pycnonotus sinensis
	Ixos	绿翅短脚鹎	Ixos mcclellandii

领雀嘴鹎 *Spizixos semitorques*

体长约23厘米。嘴厚重具象牙白色，具短羽冠。头及喉偏黑，颈背灰色。特征为喉白色，嘴基周围近白色，脸颊具白色细纹，尾绿色而尾端黑色。

虹膜褐色；嘴浅黄色；脚偏粉色。

常见于海拔3000米以下的针阔混交林、阔叶林带。

图片拍摄于：沙湾/卧龙　2015/10

黄臀鹎 *Pycnonotus xanthorrhous*

体长约20厘米。顶冠及颈背黑色。与白喉红臀鹎的区别在耳羽褐色，胸带灰褐，尾端无白色。与白头鹎的区别在耳羽褐色，翼上无黄色，尾下覆羽黄色较浓重。

虹膜褐色；嘴黑色；脚黑色。

常见于阔叶林带和农耕地。

图片拍摄于：沙湾/卧龙　2015/10

白头鹎 *Pycnonotus sinensis*

体长约19厘米。眼后一白色宽纹伸至颈背,黑色的头顶略具羽冠,髭纹黑色,臀白色。幼鸟头橄榄色,胸具灰色横纹。

虹膜褐色;嘴近黑色;脚黑色。

常见于低海拔地区的阔叶林带和农耕地。

图片拍摄于:核桃坪/卧龙　2015/07

绿翅短脚鹎 *Ixos mcclellandii*

体长约24厘米。羽冠短而尖，颈背及上胸棕色，喉偏白而具纵纹。头顶深褐具偏白色细纹。背、两翼及尾偏绿色。腹部及臀偏白沾棕色。

虹膜褐色；嘴黑色；脚粉红色。

见于阔叶林带和农耕地。

图片拍摄于：沙湾/卧龙　2017/04

38. 柳莺科 Phylloscopidae

小型莺类，体长通常在10～12厘米。体形纤细瘦小，嘴较尖细。翅短圆，跗蹠细弱。羽色较单一，雌雄体羽多相似。

本科鸟类在保护区境内有2属14种。

柳莺科 Phylloscopidae	柳莺属 Phylloscopus	黄腹柳莺	Phylloscopus affinis
		棕腹柳莺	Phylloscopus subaffinis
		棕眉柳莺	Phylloscopus armandii
		橙斑翅柳莺	Phylloscopus pulcher
		灰喉柳莺	Phylloscopus maculipennis
		黄腰柳莺 *	Phylloscopus proregulus
		四川柳莺 *	Phylloscopus forresti
		黄眉柳莺	Phylloscopus inornatus
		暗绿柳莺	Phylloscopus trochiloides
		乌嘴柳莺	Phylloscopus magnirostris
		冠纹柳莺	Phylloscopus claudiae
	鹟莺属 Seicercus	金眶鹟莺	Seicercus burkii
		比氏鹟莺	Seicercus valentini
		栗头鹟莺	Seicercus castaniceps

本科常见与代表种类：

棕腹柳莺 *Phylloscopus subaffinis*

体长约10.5厘米。眉纹暗黄且无翼斑。外侧三枚尾羽的狭窄白色羽端及羽缘在野外难见。甚似黄腹柳莺，但耳羽较暗，嘴略短，下嘴尖端色深。眉纹尤其于眼先不显著，且其上无狭窄的深色条纹。

虹膜褐色；嘴深角质色而具偏黄色的嘴线，下嘴基黄色；脚深色。

夏季栖息于山区森林及灌丛，高可至海拔3600米；越冬在山丘及低地。

图片拍摄于：邓生沟/卧龙　2014/10

橙斑翅柳莺 *Phylloscopus pulcher*

体长12厘米左右。背橄榄褐色，顶纹色甚浅。特征为具两道栗褐色翼斑。外侧尾羽的内翈白色。腰浅黄，下体深黄色。

虹膜褐色；嘴黑色，下嘴基黄色；脚粉红色偏暗。

多见于针阔混交林、阔叶林及林下灌丛与林缘灌丛。

图片拍摄于：足木山/卧龙　2017/10

灰喉柳莺 *Phylloscopus maculipennis*

体长约9厘米。背部绿色，具两道偏黄色的翼斑；腰浅黄，脸、喉及上胸灰白；下胸至尾下覆羽黄色，黄白色的眉纹长且宽。头侧纹及贯眼纹深灰绿色，顶纹灰色，嘴小而纤细。

虹膜褐色；嘴黑色，基部肉色；脚偏粉色。

多见于针阔混交林、阔叶林及林下灌丛与林缘灌丛。

图片拍摄于：足木山/卧龙　2017/10

四川柳莺 *Phylloscopus forresti*

体长约10厘米。腰色浅，黄白色的眉纹长而明显，顶纹略淡，两道白色翼斑第二道甚浅，三级飞羽羽缘及羽端均色浅。

虹膜褐色；上嘴色深，下嘴色浅；脚褐色。

多见于针阔混交林、阔叶林及林下灌丛与林缘灌丛。

图片拍摄于：足木山/卧龙　2017/10

黄眉柳莺 *Phylloscopus inornatus*

体长约11厘米。通常具两道明显的近白色翼斑,纯白或乳白色的眉纹而无可辨的顶纹,下体色彩从白色变至黄绿色。

虹膜褐色;上嘴色深,下嘴基黄色;脚粉褐色。

多见于针阔混交林、阔叶林及林下灌丛与林缘灌丛。

图片拍摄于:沙湾/卧龙　2015/08

金眶鹟莺　*Seicercus burkii*

体长约13厘米。具宽阔的绿灰色顶纹，其两侧缘接黑色眉纹；下体黄色；外侧尾羽的内翈白色。眼圈黄色有别于白眶鹟莺和灰脸鹟莺。有些亚种具一道黄色翼纹。

虹膜褐色；上嘴黑，下嘴色浅；脚偏黄。

多隐匿于林下层。

图片拍摄于：卧龙关/卧龙　2015/07

比氏鹟莺 *Seicercus valentini*

体长约11厘米。具窄的灰绿色顶纹；头侧为黄绿色；下体黄色。
虹膜褐色；嘴黑褐色，下嘴色浅；脚黄色。
多活动于阔叶林及林下灌丛。

图片拍摄于：灯草坪/卧龙　2015/04

栗头鹟莺 *Seicercus castaniceps*

体长约9厘米。顶冠红褐,侧顶纹及贯眼纹黑色,眼圈白,脸颊灰,翼斑黄色,腰及两胁黄。胸灰,腹部黄灰色。

虹膜褐色;嘴为上嘴黑,下嘴色浅;脚角质灰色。

多见于阔叶林及林下灌丛与林缘灌丛。

图片拍摄于:沙湾/卧龙　2017/07

39. 树莺科 Cettiidae

体型小型至中型，多数种类体长约为10～13厘米，少部分种类体长可达18厘米。体形细小，嘴较尖细。体羽多为褐、灰色。翅短圆，尾为平尾或微凹。

本科鸟类在保护区境内有3属7种。

树莺科 Cettiidae	拟鹟莺属 Abroscopus	棕脸鹟莺	Abroscopus albogularis
	暗色树莺属 Horornis	远东树莺	Horornis canturians
		强脚树莺	Horornis fortipes
		黄腹树莺	Horornis acanthizoides
	树莺属 Cettia	大树莺	Cettia major
		棕顶树莺	Cettia brunnifrons
		栗头树莺	Cettia castaneocoronata

本科常见与代表种类：

棕脸鹟莺 *Abroscopus albogularis*

体长约10厘米。头栗色，具黑色侧冠纹。上体绿色，腰黄色。下体白色，颏及喉杂黑色点斑，上胸沾黄色。

虹膜褐色；嘴为上嘴色暗，下嘴色浅；脚粉褐色。

多见于低海拔地区阔叶林及林下灌丛与林缘灌丛、竹灌丛。

图片拍摄于：沙湾/卧龙　2015/07

远东树莺 *Horornis canturians*

体长约17厘米。皮黄色的眉纹显著,眼纹深褐,无翼斑或顶纹。下体皮黄色较少。雌鸟个体比雄鸟小。

虹膜褐色;上嘴褐色,下嘴色浅;脚粉红。

多活动于林下灌丛和林缘灌丛地带。

图片拍摄于:喇嘛寺/卧龙　2016/07

强脚树莺 *Horornis fortipes*

体长12厘米左右。具形长的皮黄色眉纹，下体偏白而染褐黄，尤其是胸侧、两胁及尾下覆羽。

虹膜褐色；上嘴深褐色，下嘴基色浅；脚肉棕色。

常见于低海拔地区林缘灌丛及竹灌丛。

图片拍摄于：足木山/卧龙　2017/07

棕顶树莺　*Cettia brunnifrons*

体长约11厘米。具浅棕色的顶冠和显眼的奶油色眉纹。下体灰白色，胸侧沾灰色，两胁及尾下覆羽沾皮黄色。

虹膜褐色；嘴褐色，上嘴色深，下嘴色浅；脚粉灰色。

多见于林下灌丛和林缘灌丛。

图片拍摄于：足木山/卧龙　2015/10

40. 长尾山雀科 Aegithalidae

体型甚小而尾较长。头顶羽毛长而松。在树枝间筑巢，呈囊状，侧开口。
本科鸟类在保护区境内有2属5种。

长尾山雀科 Aegithalidae	长尾山雀属 Aegithalos	红头长尾山雀	Aegithalos concinnus
		黑眉长尾山雀	Aegithalos bonvaloti
		银脸长尾山雀*	Aegithalos fuliginosus
	雀莺属 Leptopoecile	花彩雀莺	Leptopoecile sophiae
		凤头雀莺*	Leptopoecile elegans

本科常见与代表种类：

红头长尾山雀 *Aegithalos concinnus*

体长约10厘米。头顶及颈背棕色，贯眼纹宽而黑，颏及喉白且具黑色圆形胸兜，下体白而具不同程度的栗色。

虹膜黄色；嘴黑色；脚橘黄色。

多见于低海拔地区阔叶林及林下灌丛。

图片拍摄于：沙湾/卧龙　2016/11

黑眉长尾山雀 *Aegithalos bonvaloti*

体长约11厘米。似黑头长尾山雀但色淡，额及胸兜边缘白色，下胸及腹部白色。
虹膜黄色；嘴黑色；脚褐色。
多见于阔叶林及灌丛。

图片拍摄于：足木山/卧龙　2015/10

银脸长尾山雀 *Aegithalos fuliginosus*

体长12厘米左右。灰色的喉与白色上胸对比而成项纹；顶冠两侧及脸银灰，颈背皮黄褐色，头顶及上体褐色。尾褐色而侧缘白色，具灰褐色领环，两胁棕色。下体余部白色。幼鸟色浅，额及顶冠纹白色。

虹膜黄色；嘴黑色；脚偏粉色至近黑色。

多见于阔叶林及林下灌丛。

图片拍摄于：足木山/卧龙　2015/10

花彩雀莺 *Leptopoecile sophiae*

体长约10厘米。顶冠棕色,眉纹白。雄鸟胸及腰紫罗兰色,尾蓝色,眼罩黑色。雌鸟体色较淡,上体黄绿,腰部蓝色甚少,下体近白色。

虹膜暗红色;嘴黑色;脚灰褐色。

多见于海拔3000~4000米的林缘灌丛及开阔地带。

图片拍摄于:干海子/卧龙 2015/08

凤头雀莺 *Leptopoecile elegans*

体长约10厘米。顶冠淡紫灰色,额及凤头白色,尾全蓝。雌鸟喉及上胸白,至臀部渐变成淡紫色。耳羽灰,一道黑线将灰色头顶及近白色的凤头与偏粉色的枕部及上背隔开。

虹膜红色;嘴黑色;脚黑色。

多见于海拔3000~4000米的林缘灌丛及开阔地带。

图片拍摄于:卧龙关/卧龙　2016/10

41. 莺鹛科 Sylviidae

本科主要包含林莺类、雀鹛类和鸦雀类等小型鸟类。体形纤细，嘴细长较尖；或嘴短而粗厚，呈锥形，嘴峰呈圆弧形，尖端具钩。翅多短圆，尾长多为凸状。两性羽色多相似。

本科鸟类在保护区境内共8属12种。

莺鹛科 Sylviidae	金胸雀鹛属 Lioparus	金胸雀鹛	Lioparus chrysotis
	宝兴鹛雀属 Moupinia	宝兴鹛雀*	Moupinia poecilotis
	莺鹛属 Fulvetta	中华雀鹛*	Fulvetta striaticollis
		棕头雀鹛	Fulvetta ruficapilla
		褐头雀鹛	Fulvetta cinereiceps
	红嘴鸦雀属 Conostoma	红嘴鸦雀	Conostoma aemodium
	褐鸦雀属 Cholornis	三趾鸦雀*	Cholornis paradoxus
	棕头鸦雀属 Sinosuthora	白眶鸦雀*	Sinosuthora conspicillata
		棕头鸦雀	Sinosuthora webbiana
	金色鸦雀属 Suthora	黄额鸦雀	Suthora fulvifrons
		黑喉鸦雀	Suthora nipalensis
	鸦雀属 Paradoxornis	点胸鸦雀	Paradoxornis guttaticollis

本科常见与代表种类如下。

中华雀鹛 *Fulvetta striaticollis*

体长约12厘米。眼白色，喉近白而具褐色纵纹。上体灰褐，头顶及上背略具深色纵纹；下体浅灰；眼先略黑，脸颊浅褐。两翼棕褐，初级飞羽羽缘白色成浅色翼纹。

虹膜近白色；嘴角质褐色；脚褐色。

多见于海拔3600米以下的林缘灌丛地带。

图片拍摄于：贝母坪/卧龙 2016/11

褐头雀鹛 *Fulvetta cinereiceps*

体长约12厘米。喉粉灰而具暗黑色纵纹。胸中央白色，两侧粉褐至栗色。初级飞羽羽缘白、黑而后棕色形成多彩翼纹。

虹膜黄色至粉红色；雄鸟嘴黑色，雌鸟褐色；脚灰褐色。

常见于海拔3600米以下的林缘灌丛地带。

图片拍摄于：足木山/卧龙　2016/02

红嘴鸦雀 *Conostoma aemodium*

体长约28厘米。特征为具强有力的圆锥形黄嘴，额灰白色。眼先深褐，下体浅灰褐色。

虹膜黄色或红褐色；嘴黄色；脚绿黄色。

多见于阔叶林、林缘灌丛。

图片拍摄于：五一棚/卧龙　2017/05

三趾鸦雀 *Cholornis paradoxus*

体长约23厘米。冠羽蓬松,白色眼圈明显,颏、眼先及宽眉纹深褐色。初级飞羽羽缘近白色,拢翼时成浅色斑块。

虹膜近白色;嘴橙黄色;脚褐色。

多见于林下灌丛或林缘灌丛。

图片拍摄于:五一棚/卧龙　2017/05

白眶鸦雀 *Sinosuthora conspicillata*

体长14厘米左右。顶冠及颈背栗褐色,白色眼圈明显。上体橄榄褐色,下体粉褐色,喉具模糊的纵纹。

虹膜褐色;嘴黄色;脚暗黄色。

多见于林下灌丛或林缘灌丛。

图片拍摄于:足木山/卧龙　2017/01

棕头鸦雀 *Sinosuthora webbiana*

体长约12厘米。嘴小似山雀,头顶及两翼栗褐色,喉略具细纹。眼圈不明显。虹膜浅褐色;嘴灰色或褐色,嘴端色较浅;脚粉灰色。

多见于低海拔地区林下灌丛或林缘灌丛。

图片拍摄于:沙湾/卧龙　2015/10

42. 绣眼鸟科 Zosteropidae

本科鸟类体形小巧，体长为9～13厘米，体羽多为绿色，眼周具有明显的白色眼圈。嘴细小，微向下曲。翅较长圆；尾多呈平尾状。雌雄羽色相似。

本科鸟类在保护区境内有2属4种。

绣眼鸟科 Zosteropidae	凤鹛属 Yuhina	白领凤鹛	Yuhina diademata
		纹喉凤鹛	Yuhina gularis
		黑颏凤鹛	Yuhina nigrimenta
	绣眼鸟 Zosterops	红胁绣眼鸟	Zosterops erythropleurus
		暗绿绣眼鸟	Zosterops japonicus simplex

本科常见与代表种类：

白领凤鹛 Yuhina diademata

体长约17厘米。具蓬松的羽冠，颈后白色大斑块与白色宽眼圈及后眉线相接。颏、鼻孔及眼先黑色。飞羽黑而羽缘近白。下腹部白色。

虹膜偏红色；嘴近黑色；脚粉红色。

常见于海拔3600米以下的林缘灌丛地带。

图片拍摄于：邓生沟/卧龙　2015/07

纹喉凤鹛 *Yuhina gularis*

体长约15厘米。羽冠突显,偏粉的皮黄色喉上有黑色细纹,翼黑而带橙棕色细纹。下体余部暗棕黄色。

虹膜褐色;上嘴色深,下嘴偏红;脚橘黄。

常见于海拔3600米以下的林缘灌丛地带。

图片拍摄于:足木山/卧龙 2017/02

43. 林鹛科 Timaliidae

体色多为棕色、褐色的小型鸟类。嘴细长或直或向下弯曲。翅较长或短圆，多数种类尾较长呈凸尾状。

本科鸟类在保护区境内有3属3种。

林鹛科 Timaliidae	*Erythrogenys*	斑胸钩嘴鹛	*Erythrogenys gravivox*
	钩嘴鹛属 *Pomatorhinus*	棕颈钩嘴鹛	*Pomatorhinus ruficollis*
	穗鹛属 *Cyanoderma*	红头穗鹛	*Cyanoderma ruficeps*

斑胸钩嘴鹛 *Erythrogenys gravivox*

体长约24厘米。脸颊棕色，无浅色眉纹。似锈脸钩嘴鹛但胸部具浓密的黑色点斑或纵纹。

虹膜黄色或栗色；嘴灰色至褐色；脚肉褐色。

偶见于阔叶林、次生林及灌丛。

图片拍摄于：喇嘛寺/卧龙　2015/07

棕颈钩嘴鹛 *Pomatorhinus ruficollis*

体长约19厘米。具栗色的颈圈，白色的长眉纹，眼先黑色，喉白，胸部具纵纹。多见于阔叶林、次生林及灌丛。

图片拍摄于：木江坪/卧龙　2015/10

红头穗鹛 *Cyanoderma ruficeps*

体长约12.5厘米。顶冠棕色,上体暗灰橄榄色,眼先暗黄,喉、胸及头侧沾黄,下体黄橄榄色。喉具黑色细纹。

虹膜红色;上嘴近黑色,下嘴较淡;脚棕色。

多见于阔叶林、次生林及灌丛。

图片拍摄于:沙湾/卧龙　2017/01

44. 幽鹛科 Pellorneidae

小型鸟类。体长为10～14厘米。体形匀称或短圆。嘴短直。翅短圆，尾较长呈凸尾状。脚细弱。

本科鸟类在保护区境内有2属3种。

幽鹛科 Pellorneidae	Schoeniparus	褐顶雀鹛	Schoeniparus brunneus
	雀鹛属 Alcippe	灰眶雀鹛	Alcippe morrisonia
		白眶雀鹛	Alcippe nipalensis

本科常见与代表种类：

褐顶雀鹛 Schoeniparus brunneus

体长约13厘米。顶冠棕褐，似棕喉雀鹛但无棕色项纹且前额黄褐色。下体皮黄色。虹膜浅褐或黄红色；嘴深褐色；脚粉红色。

常见于海拔3600米以下的林缘灌丛地带。

图片拍摄于：干海子/卧龙　2015/10

45. 噪鹛科 Leiothrichidae

小型至中等体型，体长多为12～25厘米，少数种类体长可达35厘米。嘴细长而尖，或直或微向下曲。嘴须发达，鼻孔局部被羽或刚毛。翅较短圆，尾较长多呈凸尾状。脚强健善跳跃和奔跑。

本科鸟类在保护区境内有4属12种。

噪鹛科 Leiothrichidae	草鹛属 Babax	矛纹草鹛	Babax lanceolatus
	噪鹛属 Garrulax	画眉	Garrulax canorus
		灰翅噪鹛	Garrulax cineraceus
		斑背噪鹛*	Garrulax lunulatus
		大噪鹛*	Garrulax maximus
		眼纹噪鹛	Garrulax ocellatus
		白喉噪鹛	Garrulax albogularis
		白颊噪鹛	Garrulax sannio
	彩翼噪鹛属 Trochalopteron	橙翅噪鹛*	Trochalopteron elliotii
		黑顶噪鹛	Trochalopteron affine
		红翅噪鹛	Trochalopteron formosum
	相思鸟属 Leiothrix	红嘴相思鸟	Leiothrix lutea

本科常见与代表种类如下。

矛纹草鹛 *Babax lanceolatus*

体长26厘米左右。体灰褐色多具纵纹。甚长的尾上具狭窄的横斑，嘴略下弯，具特征性的深色髭纹。

虹膜黄色；嘴黑色；脚粉褐色。

多见于阔叶林、次生林及灌丛。

图片拍摄于：沙湾/卧龙　2015/07

斑背噪鹛 *Garrulax lunulatus*

体长约23厘米。具明显的白色眼斑，上体（除头顶）及两胁具醒目的黑色及草黄色鳞状斑纹。初级飞羽及外侧尾羽的羽缘灰色。尾端白色，具黑色的次端横斑。

虹膜深灰色；嘴绿黄色；脚肉色。

见于阔叶林及林缘边灌丛地带。

图片拍摄于：干海子/卧龙　2015/10

大噪鹛 *Garrulax maximus*

体长约34厘米,具明显点斑。尾长,顶冠、颈背及髭纹深灰褐色,头侧及颏栗色。背羽次端黑而端白,因而在栗色的背上形成点斑。

虹膜黄色;嘴角质色;脚粉红色。

常见于阔叶林、针阔混交林缘灌丛地带。

图片拍摄于:贝母坪/卧龙 2015/07

眼纹噪鹛 *Garrulax ocellatus*

体长约31厘米。顶冠、颈背及喉黑色，上体及胸侧具粗重点斑。眼先、眼下及颏浅皮黄色而与黑色的头成对比。上体褐色，各羽的次端黑而端白形成月牙形点斑。翼羽羽端白色形成明显的翼斑，尾端白色。西藏南部的亚种耳羽栗色。与大噪鹛的区别在尾较短且喉为黑色。

虹膜黄色；嘴角质色；脚粉红色。

主要栖息于海拔1400～3200米的杂木林、阔叶林等茂密的山地森林中。

图片拍摄于：卧龙关/卧龙　2015/10

图片拍摄于：邓生沟/卧龙　2015/07

白颊噪鹛 *Garrulax sannio*

体长约25厘米。尾下覆羽棕色,脸部具明显的白色眉纹及下颊纹。
虹膜褐色;嘴褐色;脚灰褐色。
常见于低海拔地区次生林、灌丛及农耕地。

图片拍摄于:沙湾/卧龙 2015/07

橙翅噪鹛 *Trochalopteron elliotii*

体长26厘米左右。全身大致灰褐色，上背及胸羽具深色及偏白色羽缘而成鳞状斑纹。脸色较深。臀及下腹部黄褐色。初级飞羽基部的羽缘偏黄、羽端蓝灰色而形成拢翼上的斑纹。尾羽灰色而端白色，尾羽外侧偏黄色。

虹膜乳白色；嘴黑褐色；脚深褐色。

常见于海拔3500米以下的各类生境。

图片拍摄于：沙湾/卧龙　2015/10

黑顶噪鹛　*Trochalopteron affine*

体长约26厘米。具白色宽髭纹，颈部白色块与偏黑色的头成对比。体羽一般为暗橄榄褐色，翼羽及尾羽羽缘带黄色。

虹膜褐色；嘴黑色；脚红褐色。

常见于阔叶林、次生林及灌丛。

图片拍摄于：沙湾/卧龙　2018/01

红嘴相思鸟 *Leiothrix lutea*

体长约16厘米。具显眼的红嘴。上体橄榄绿色,眼周有黄色块斑,下体橙黄色。尾近黑而略分叉。翼略黑,红色和黄色的羽缘在歇息时成明显的翼纹。

虹膜褐色;嘴红色;脚粉红色。

见于低海拔地区次生林及灌丛。

图片拍摄于:木江坪/卧龙　2015/08

46. 旋木雀科 Certhiidae

小型鸟类，体长12～15厘米。嘴细长而向下弯曲。翅短圆；尾长而坚挺，尾羽轴较硬，羽端呈楔状。后爪较后趾长，弯曲而尖，适宜攀爬。

本科鸟类在保护区境内有1属3种。

旋木雀科 Certhiidae	旋木雀属 Certhia	欧亚旋木雀	Certhia familiaris
		高山旋木雀	Certhia himalayana
		四川旋木雀*	Certhia tianquanensis

本科常见与代表种类：

欧亚旋木雀 Certhia familiaris

体长约13厘米，具褐色斑驳。下体白或皮黄，仅两胁略沾棕色且尾覆羽棕色。胸及两胁偏白，眉纹色浅。

虹膜褐色；嘴为上颚褐色，下颚色浅；脚偏褐色。

多见于保护区内各类林区。

图片拍摄于：寡妇山/卧龙　2015/07

47. 䴓科 Sittidae

体长10~13厘米。少数种类体长可达17~20厘米。嘴细长，强直而尖呈锥状。体羽松软。翅尖长；尾短小，方尾或圆尾。后趾发达甚长适宜树上攀援。

本科鸟类在保护区境内有2属3种。

䴓科 Sittidae	䴓属 Sitta	普通䴓	Sitta europaea
		栗臀䴓	Sitta nagaensis
	旋壁雀属 Tichodroma	红翅旋壁雀	Tichodroma muraria

本科常见与代表种类：

栗臀䴓 *Sitta nagaensis*

体长约13厘米。似普通䴓但下体浅皮黄色，喉、耳羽及胸沾灰色而与两胁的深砖红色成强烈对比。尾下覆羽深棕色，两侧各有一道明显的白色鳞状斑纹而成的条带。

虹膜深褐色；嘴黑色，下颚基部灰色；脚为不同程度的灰褐色。

常见于保护区林区内各类林区。

图片拍摄于：沙湾/卧龙　2017/12

红翅旋壁雀 *Tichodroma muraria*

体长约16厘米。体多灰色。尾短而嘴长,翼具醒目的绯红色斑纹。繁殖期雄鸟脸及喉黑色,雌鸟黑色较少。非繁殖期成鸟喉偏白,头顶及脸颊沾褐。飞羽黑色,外侧尾羽羽端白色显著,初级飞羽两排白色点斑飞行时成带状。

虹膜深褐色;嘴黑色;脚棕黑色。

常活动于岩崖峭壁、石滩、河堤等环境。

图片拍摄于:熊猫电站/卧龙　2016/11

48. 鹪鹩科 Troglodytidae

本科鸟类体形细小，体长9～11厘米。嘴长而细窄。翼短圆。尾短小而柔软，停歇时常向上翘起。

本科鸟类在保护区境内有1属1种。

| 鹪鹩科 Troglodytidae | 鹪鹩属 *Troglodytes* | 鹪鹩 | *Troglodytes troglodytes* |

鹪鹩 *Troglodytes troglodytes*

体长约10厘米。体羽褐色而具横纹及点斑的小鸟。尾上翘，嘴细。深黄褐的体羽具狭窄黑色横斑及模糊的皮黄色眉纹为其特征。

虹膜褐色；嘴褐色；脚褐色。

多见于林缘灌丛地带。

图片拍摄于：寡妇山/卧龙　2015/07

49. 河乌科 Cinclidae

小型鸟类。嘴细而直，尖端微向下弯曲，鼻孔有膜掩盖。翼短圆，尾甚短。跗蹠强健。雌雄羽色相似。主要以山溪水域为栖息环境的小型水栖性鸟类。

本科鸟类在保护区境内有1属2种。

河乌科 Cinclidae	河乌属 Cinclus	河乌	Cinclus cinclus
		褐河乌	Cinclus pallasii

本科常见与代表种类：

褐河乌 *Cinclus pallasii*

体长约21厘米。体无白色或浅色胸围。偶有眼上的白色小块斑明显。
虹膜褐色；嘴深褐色；脚深褐色。
多见于保护区河谷水域。

图片拍摄于：沙湾/卧龙　2015/07

50. 椋鸟科 Sturnidae

体型中等，体长为17～24厘米。嘴直而尖。翅尖形或方形。尾较短呈平尾或圆尾状。跗蹠粗长、强健，善地面行走。多数种类体羽具有金属光泽。

本科鸟类在保护区境内有1属1种。

| 椋鸟科 Sturnidae | 丝光椋鸟属 Spodiopsar | 灰椋鸟 | Spodiopsar cineraceus |

灰椋鸟 Spodiopsar cineraceus

体长约24厘米。头黑，头侧具白色纵纹，臀、外侧尾羽羽端及次级飞羽狭窄，横纹白色。雌鸟色浅而暗。

虹膜偏红色；嘴黄色，尖端黑色；脚暗橘黄色。

见于低海拔地区阔叶林带或农耕地带。

图片拍摄于：耿达/卧龙　2015/07

51. 鸫科 Turdidae

鸫科是遍布世界性的小型到中型雀形目鸟类，有较强的鸟喙，尾通常是中长形。羽色不同，一般较暗，灰色、棕色到黑色，也有颜色鲜艳的一些物种。嘴短健，嘴缘平滑，上嘴前端有缺刻或小钩，善于鸣叫。鼻孔明显，不为悬羽所掩盖，有嘴须。

该科鸟类善飞行和地面奔跑。它们虽也吃一些浆果和植物种子，但主要以昆虫为食。本科鸟类在保护区境内共2属10种。

鸫科 Turdidae	地鸫属 Zoothera	淡背地鸫	Zoothera mollissima
		长尾地鸫	Zoothera dixoni
		虎斑地鸫	Zoothera aurea
	鸫属 Turdus	乌鸫	Turdus mandarinus
		灰头鸫	Turdus rubrocanus
		棕背黑头鸫	Turdus kessleri
		白腹鸫	Turdus pallidus
		赤颈鸫	Turdus ruficollis
		斑鸫	Turdus eunomus
		宝兴歌鸫 *	Turdus mupinensis

本科常见与代表种类：

淡背地鸫 *Zoothera mollissima*

体长约26厘米。上体全红褐色，外侧尾羽端白，浅色眼圈明显，翼部白色斑块在飞行时明显，但停歇时不显露。与长尾地鸫的区别在尾较短，胸具鳞状斑纹而非黑色横纹，翼上横纹较窄而色暗。

虹膜褐色；嘴黑褐色，下颚基部色较浅；脚肉色。

多活动于海拔3800米以下亚高山林缘灌丛、草甸地带。

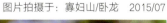

图片拍摄于：寡妇山/卧龙　2015/07

乌鸫 *Turdus mandarinus*

体长约29厘米。雄鸟全黑色，眼圈略浅。雌鸟上体黑褐色，下体深褐色，嘴暗绿黄色至黑色。

虹膜褐色；雄鸟嘴黄色，雌鸟嘴为黑色；脚褐色。

多见于低海拔地区阔叶林区、次生林及农耕地、居民区。

图片拍摄于：沙湾/卧龙　2015/07

灰头鸫 *Turdus rubrocanus*

体长约25厘米。体羽色彩图纹特别，头及颈灰色，两翼及尾黑色，身体多栗色。虹膜褐色；嘴黄色；脚黄色。

多见于林缘开阔地带、灌丛、草甸生境。一般单独或成对活动。冬季结小群。常于地面取食。

图片拍摄于：邓生沟/卧龙　2015/07

棕背黑头鸫 *Turdus kessleri*

体长28厘米左右。头、颈、喉、胸、翼及尾黑色，体羽其余部位栗色，仅上背皮黄白色延伸至胸带。雌鸟比雄鸟色浅，喉近白而具细纹。

虹膜褐色；嘴黄色；脚褐色。

常见于海拔2300～4000米的林缘开阔地带、亚高山灌丛、草甸生境。

图片拍摄于：寡妇山/卧龙　2015/07

赤颈鸫 *Turdus ruficollis*

体长25厘米左右。上体灰褐，腹部及臀纯白，翼衬赤褐。雌鸟及幼鸟具浅色眉纹，下体多纵纹。

虹膜褐色；嘴黄色，尖端黑色；脚近褐色。

常见于海拔2300～4000米的林缘开阔地带、亚高山灌丛。

图片拍摄于：野牛沟/卧龙　2015/07

斑鸫 *Turdus eunomus*

体长约25厘米。体色多棕灰具明显黑白色图纹。具浅棕色的翼线和棕色的宽阔翼斑。雄鸟耳羽及胸上横纹黑色而与白色的喉、眉纹及臀成对比,下腹部黑色而具白色鳞状斑纹。雌鸟褐色及皮黄色,较暗淡,斑纹同雄鸟,下胸黑色点斑较小。

虹膜褐色;上嘴偏黑色,下嘴黄色;脚褐色。

多活动于林缘灌丛、草甸及开阔地带。

图片拍摄于:沙湾/卧龙　2015/10

宝兴歌鸫 *Turdus mupinensis*

体长约23厘米。上体褐色，下体皮黄色而具明显的黑点。耳羽后侧具黑色斑块，白色的翼斑醒目。

虹膜褐色；嘴深黄色；脚暗黄色。

偶见于低海拔地区林缘开阔地、灌丛及农耕地。

图片拍摄于：耿达/卧龙　2015/07

52. 鹟科 Muscicapidae

小型鸣禽,体长在9～22厘米。翅呈尖形或圆形;嘴扁平,基部宽阔;跗蹠前缘被以盾状鳞。体羽多样化,尾羽长短不一,多善鸣叫。

本科鸟类在保护区境内有20属38种。

鹟科 Muscicapidae	*Larvivora*	蓝歌鸲	*Larvivora cyane*
	Calliope	红喉歌鸲	*Calliope calliope*
		黑胸歌鸲	*Calliope pectoralis*
		黑喉歌鸲	*Calliope obscura*
		金胸歌鸲	*Calliope pectardens*
	歌鸲属 *Luscinia*	白腹短翅鸲	*Luscinia phoenicuroides*
		蓝喉歌鸲	*Luscinia svecica*
	鸲属 *Tarsiger*	红胁蓝尾鸲	*Tarsiger cyanurus*
		白眉林鸲	*Tarsiger indicus*
		金色林鸲	*Tarsiger chrysaeus*
	鹊鸲属 *Copsychus*	鹊鸲	*Copsychus saularis*
	Phoenicuropsis	白喉红尾鸲	*Phoenicuropsis schisticeps*
		蓝额红尾鸲	*Phoenicuropsis frontalis*
	红尾鸲属 *Phoenicurus*	赭红尾鸲	*Phoenicurus ochruros*
		黑喉红尾鸲	*Phoenicurus hodgsoni*
		北红尾鸲	*Phoenicurus auroreus*
	水鸲属 *Phyacornis*	红尾水鸲	*Rhyacornis fuliginosa*
	白顶溪鸲属 *Chaimarrornis*	白顶溪鸲	*Chaimarrornis leucocephalus*
	蓝地鸲属 *Myiomela*	白尾蓝地鸲	*Myiomela leucurum*
	啸鸫属 *Myophonus*	紫啸鸫	*Myophonus caeruleus*
	大翅鸲属 *Grandala*	蓝大翅鸲	*Grandala coelicolor*
	燕尾属 *Enicurus*	小燕尾	*Enicurus scouleri*
		灰背燕尾	*Enicurus schistaceus*
	石䳭属 *Saxicola*	黑喉石䳭	*Saxicola maurus*
		灰林䳭	*Saxicola ferreus*
	䳭属 *Oenanthe*	白顶䳭	*Oenanthe pleschanka*
	矶鸫属 *Monticola*	蓝矶鸫	*Monticola solitarius*
		栗腹矶鸫	*Monticola rufiventris*
	鹟属 *Muscicapa*	乌鹟	*Muscicapa sibirica*
		棕尾褐鹟	*Muscicapa ferruginea*
	姬鹟属 *Ficedula*	白眉姬鹟	*Ficedula zanthopygia*
		锈胸蓝姬鹟	*Ficedula sordida*
		橙胸姬鹟	*Ficedula strophiata*
		红喉姬鹟	*Ficedula albicilla*
		棕胸蓝姬鹟	*Ficedula hyperythra*
		灰蓝姬鹟	*Ficedula tricolor*
	铜蓝仙鹟属 *Eumyias*	铜蓝鹟	*Eumyias thalassinus*
	仙鹟属 *Niltava*	棕腹大仙鹟	*Niltava davidi*

本科常见与代表种类如下：

黑胸歌鸲 *Calliope pectoralis*

体长约14.5厘米。雄鸟喉为宝石红色，宽阔的胸带黑色，眉纹白；上体全灰，中央尾羽黑而基部及羽端白。下体近白色，臀沾灰色。雌鸟褐色较浓，喉白色，胸带灰色。

虹膜深褐色；嘴黑色；脚棕黑色。

多见于亚高山灌丛与次生林下。

图片拍摄于：巴朗山/卧龙　2016/07

红胁蓝尾鸲 *Tarsiger cyanurus*

体长约15厘米。特征为橘黄色两胁与白色腹部及臀成对比。雄鸟上体蓝色,喉白色,眉纹白。亚成鸟及雌鸟褐色,尾蓝色。

虹膜褐色;嘴黑色;脚灰色。

常见于低海拔地区的阔叶林、次生林、灌丛及农耕区。

图片拍摄于:沙湾/卧龙　2015/07

金色林鸲 *Tarsiger chrysaeus*

体长约14厘米。雄鸟头顶及上背橄榄褐色；眉纹黄，宽黑色带由眼先过眼至脸颊；肩、背侧及腰艳丽橘黄色，翼橄榄褐色；尾橘黄色，中央尾羽及其余尾羽的羽端黑色；下体全橘黄色。雌鸟上体橄榄色，近黄色的眉纹模糊，眼圈皮黄色，下体赭黄色。

虹膜褐色；嘴深褐色，下颚黄色；脚浅肉色。

多见于海拔3800米以下的林缘灌丛、草甸。

图片拍摄于：寡妇山/卧龙　2015/07

鹊鸲 *Copsychus saularis*

体长约20厘米。雄鸟的头、胸及背闪辉蓝黑色,两翼及中央尾羽黑,外侧尾羽及覆羽上的条纹白色,腹及臀亦白。雌鸟似雄鸟,但暗灰取代黑色。亚成鸟似雌鸟但具有杂斑。

虹膜褐色;嘴黑色;脚黑色。

多见于低海拔地区的林缘灌丛、草甸及农耕地、居民区。

图片拍摄于:贾家沟/卧龙　2015/07

白喉红尾鸲 *Phoenicuropsis schisticeps*

体长约15厘米。具白色喉块,外侧尾羽的棕色仅限于基半部。雄鸟头顶及颈背深青石蓝色,额及眉纹的蓝色较鲜艳;上背灰黑色;尾多黑色;下背棕色;腹中心及臀部皮黄白色;两翼多白色条纹,三级飞羽羽缘白色。雌鸟头顶及背部冬季沾褐;眼圈皮黄色;尾、白色喉块及翼上白色条纹同雄鸟。

虹膜褐色;嘴黑色;脚黑色。

多见于亚高山、高山林缘灌丛、草甸。

图片拍摄于:花岩子/卧龙 2015/07

北红尾鸲 *Phoenicurus auroreus*

体长约15厘米。体色艳丽，具明显而宽大的白色翼斑。雄鸟眼先、头侧、喉、上背及两翼褐黑，仅翼斑白色；头顶及颈背灰色而具银色边缘；体羽余部栗褐，中央尾羽深黑褐。雌鸟褐色，白色翼斑显著，眼圈及尾皮黄色似雄鸟，但色较暗淡。

虹膜褐色；嘴黑色；脚黑色。

多见于各类生境的开阔地带，以及河谷、农耕地等。

图片拍摄于：沙湾/卧龙 2015/07

红尾水鸲 *Rhyacornis fuliginosa*

体长约14厘米。雌雄异色。雄鸟腰、臀及尾栗褐色，其余部位深青石蓝色。雌鸟上体灰，眼圈色浅；下体白色，灰色羽缘成鳞状斑纹，臀、腰及外侧尾羽基部白色；尾余部黑色；两翼黑色，覆羽及三级飞羽羽端具狭窄白色。

虹膜深褐色；嘴黑色；脚褐色。

常见于低海拔地区河谷、溪流、林缘及农耕地。

图片拍摄于：沙湾/卧龙　2015/10

白顶溪鸲 *Chaimarrornis leucocephalus*

体长约19厘米。头顶及颈背白色,腰、尾基部及腹部栗色。雌雄同色。亚成鸟色暗而近褐,头顶具黑色鳞状斑纹。

虹膜褐色;嘴黑色;脚黑色。

广泛分布于保护区各类生境,多见于河谷溪流旁。

图片拍摄于:花岩子/卧龙　2015/07

紫啸鸫 *Myophonus caeruleus*

体长约32厘米。通体蓝黑色,仅翼覆羽具少量的浅色点斑。翼及尾沾紫色闪辉,头及颈部的羽尖具闪光小羽片。

虹膜褐色；嘴黄色或黑色；脚黑色。

常见于针阔混交林、阔叶林及林缘灌丛。

图片拍摄于：邓生沟/卧龙　2015/07

蓝大翅鸲 *Grandala coelicolor*

体长21厘米左右。雄鸟全身亮紫色而具丝光,仅眼先、翼及尾黑色;尾略分叉。雌鸟上体灰褐色,头至上背具皮黄色纵纹;下体灰褐色,喉及胸具皮黄色纵纹;飞行时两翼基部内侧区域的白色明显;覆羽羽端白色,腰及尾上覆羽沾蓝色。

虹膜褐色;嘴黑色;脚黑色。

多见于亚高山、高山灌丛、草甸及裸岩山顶地带,喜雨浸的山脊及高处。冬季结群下至低海拔林区,具有垂直迁徙习性。

图片拍摄于:巴朗山/卧龙　2015/07

小燕尾 *Enicurus scouleri*

体长约13厘米。尾短，与黑背燕尾色彩相似但尾短而叉浅。其头顶白色、翼上白色条带延至下部且尾开叉。

虹膜褐色；嘴黑色；脚粉白色。

多见于海拔2800米及以下的河流水域。

图片拍摄于：贾家沟/卧龙　2015/07

灰背燕尾 *Enicurus schistaceus*

体长23厘米左右。与其他燕尾的区别在头顶及背灰色。幼鸟头顶及背青石深褐色，胸部具鳞状斑纹。

虹膜褐色；嘴黑色；脚粉红色。

偶见于低海拔地区的河流水域。

图片拍摄于：卧龙关/卧龙　2016/10

黑喉石䳭 *Saxicola maurus*

体长约14厘米。雄鸟头部及飞羽黑色，背深褐色，颈及翼上具粗大的白斑，腰白，胸棕色。雌鸟色较暗而无黑色，下体皮黄色，仅翼上具白斑。

虹膜深褐色；嘴黑色；脚黑色。

见于低海拔地区开阔地带及农耕地。

图片拍摄于：木江坪/卧龙　2015/08

灰林䳭　*Saxicola ferreus*

体长15厘米左右。雄鸟为上体灰色斑驳，醒目的白色眉纹及黑色脸罩与白色的颏及喉成对比。下体近白，烟灰色胸带及至两胁。翼及尾黑色。飞羽及外侧尾羽羽缘灰色，飞行时可见内覆羽白色。停息时背羽有褐色缘饰，旧羽灰色重。雌鸟似雄鸟，但褐色取代灰色，腰栗褐色。幼鸟似雌鸟，但下体褐色具鳞状斑纹。

虹膜深褐色；嘴灰黑色；脚黑色。

见于低海拔地区开阔地带及农耕地。

图片拍摄于：足木山/卧龙　2015/10

栗腹矶鸫 *Monticola rufiventris*

体长约24厘米。雌雄异色。繁殖期雄鸟脸具黑色脸斑。上体蓝，尾、喉及下体余部鲜艳栗色。雌鸟褐色，上体具近黑色的扇贝形斑纹，下体满布深褐及皮黄色扇贝形斑纹。

虹膜深褐色；嘴黑色；脚黑褐色。

见于低海拔地区阔叶林区、次生林及农耕地。

图片拍摄于：英雄沟/卧龙　2016/07

乌鹟 *Muscicapa sibirica*

体长约13厘米。翼上具不明显皮黄色斑纹,下体白色,两胁深色具烟灰色杂斑,上胸具灰褐色模糊带斑;白色眼圈明显,喉白色,通常具白色的半颈环;下脸颊具黑色细纹,翼长至尾的2/3。亚成鸟脸及背部具白色点斑。

虹膜深褐色;嘴黑色,下嘴基部黄色;脚黑色。

见于阔叶林与次生林带。

图片拍摄于:沙湾/卧龙　2015/08

白眉姬鹟 *Ficedula zanthopygia*

体长约13厘米。雄鸟腰、喉、胸及上腹黄色,下腹、尾下覆羽白色,其余黑色,仅眉线及翼斑白色。雌鸟上体暗褐色,下体色较淡,腰暗黄色。

虹膜褐色;嘴黑色;脚黑色。

偶见于低海拔阔叶林间及农耕地带。

图片拍摄于:沙湾/卧龙 2015/07

橙胸姬鹟 *Ficedula strophiata*

体长约14厘米。尾黑而基部白，上体多灰褐，翼橄榄色，下体灰色。成年雄鸟额上有狭窄白色并具小的深红色项纹。雌鸟似雄鸟，但项纹小而色浅。亚成鸟具褐色纵纹，两胁棕色而具黑色鳞状斑纹。

虹膜褐色；嘴黑色；脚褐色。

偶见于低海拔阔叶林间及农耕地带。

图片拍摄于：沙湾/卧龙　2017/04

红喉姬鹟 *Ficedula albicilla*

体长约13厘米。尾色暗,基部外侧明显白色。繁殖期雄鸟胸红沾灰色,但冬季难见。雌鸟及非繁殖期雄鸟暗灰褐色,喉近白色,眼圈狭窄白色。尾及尾上覆羽黑色。

虹膜深褐色;嘴黑色;脚黑色。

见于低海拔阔叶林间及农耕地带。

图片拍摄于:喇嘛寺/卧龙　2015/07

53. 戴菊科 Regulidae

小型鸟类，体长为9~10厘米。体形娇小较短圆。嘴较细。体色较艳丽明快，头顶中央具有橙红或金黄色羽冠。翅较长；尾较短呈浅凹形。

本科鸟类在保护区境内有1属1种。

| 戴菊科 Regulidae | 戴菊属 *Regulus* | 戴菊 | *Regulus regulus* |

戴菊 *Regulus regulus*

体长约9厘米。体色色彩明快形似柳莺。翼上具黑白色图案，雄鸟具金黄色或橙红色的顶冠纹，两侧缘以黑色侧冠纹为其特征。上体全橄榄绿至黄绿色；下体偏灰或淡黄白色，两胁黄绿。眼周浅色。

虹膜深褐；嘴黑色；脚偏褐色。

多见于阔叶林及林下灌丛。

图片拍摄于：足木山/卧龙　2017/01

54. 太平鸟科 Bombycillidae

小型雀类。体羽松软，羽色多不艳丽，一般以灰褐、黑、灰为主。头顶具一簇长而尖的冠羽。嘴短、基部宽阔，上、下嘴的前端成弧形，嘴尖端微具缺刻。鼻孔圆形，被以盖膜。两翅尖长，初级飞羽10枚，第一枚退化为极小的短羽，次级飞羽羽轴延长成红色蜡质突起。尾短，呈方形或圆形。尾羽末端通常有红色或黄色端斑。跗蹠短细而弱，前缘被盾状鳞，爪长而曲。雌雄相似。

本科鸟类在保护区境内有1属2种。

太平鸟科 Bombycillidae	太平鸟属 Bombycilla	太平鸟	Bombycilla garrulus
		小太平鸟	Bombycilla japonica

本科常见与代表种类：

太平鸟 Bombycilla garrulus

体长约18厘米。全身基本上呈葡萄灰褐色，头部色深呈栗褐色，头顶有一细长呈簇状的羽冠，一条黑色贯眼纹从嘴基经眼到后枕，位于羽冠两侧，在栗褐色的头部极为醒目。颏、喉黑色。翅具白色翼斑，尾端斑尾黄色。

虹膜褐色；嘴褐色；脚褐色。

罕见于保护区阔叶混交林带。

资料图片　摄影/易伟　2017/10

55. 花蜜鸟科 Nectariniidae

小型鸟类。本科鸟类嘴长而纤细，或直或向下弯曲，嘴先端多细小锯齿。舌呈管状并先端分叉。翅短圆或长；尾短呈平尾状或中央尾羽发达甚长。雌雄异色，雄鸟羽毛多具金属光泽。

本科鸟类在保护区境内有1属1种。

花蜜鸟科 Nectariniidae	太阳鸟 Aethopyga	蓝喉太阳鸟	Aethopyga gouldiae

蓝喉太阳鸟 Aethopyga gouldiae

嘴长而纤细，或直或向下弯曲。管状舌先端分叉。雄鸟体型略大，体长约14厘米。体色为猩红、蓝色及黄色，蓝色尾有延长。额、头顶、喉、耳为亮紫色。雌性体型稍小。上体橄榄绿，腰黄，尾短，翅暗褐色。

虹膜褐色；嘴黑色；脚褐色。

保护区内多见于海拔3400米以下的林区、灌丛或农耕地。

图片拍摄于：沙湾/卧龙　2015/07

56. 岩鹨科 Prunellidae

该科鸟类体型均较小。嘴细尖，嘴基较宽，而在嘴长的中间部位有一明显的紧缩，这是该科鸟类特异之处；鼻孔大而斜向，并有皮膜盖着；嘴须少而柔软；前额羽稍松散，并不彼此紧贴覆盖；尾为方尾或稍凹；跗蹠前缘具盾状鳞。

本科鸟类在保护区境内有1属4种。

岩鹨科 Prunellidae	岩鹨属 Prunella	领岩鹨	Prunella collaris
		鸲岩鹨	Prunella rubeculoides
		棕胸岩鹨	Prunella strophiata
		栗背岩鹨	Prunella immaculata

本科常见与代表种类：

领岩鹨 Prunella collaris

体长17厘米左右。黑色大覆羽与羽端的白色形成对比的两道点状翼斑。头及下体中央部位烟褐色，两胁浓栗而具纵纹，尾下覆羽黑而羽缘白色，喉白而具由黑点形成的横斑。初级飞羽褐色，与棕色羽缘成对比的翼缘。尾深褐色而端白色。亚成鸟下体褐灰具黑色纵纹。

虹膜深褐色；嘴近黑色，下嘴基黄色；脚红褐色。

多见于亚高山、高山草甸地带。

图片拍摄于：巴朗山/卧龙　2015/07

鸲岩鹨 *Prunella rubeculoides*

体长约16厘米。胸栗褐色，头、喉、上体、两翼及尾烟褐，上背具模糊的黑色纵纹；翼覆羽有狭窄的白缘，翼羽羽缘褐色；灰色的喉与栗褐色的胸之间有狭窄的黑色领环；下体其余灰白色。

虹膜红褐色；嘴黑色；脚暗红褐色。

多见于亚高山草甸、灌丛地带。

图片拍摄于：花岩子/卧龙　2015/07

棕胸岩鹨 *Prunella strophiata*

体长约16厘米。眼先上具狭窄白线至眼后转为特征性的黄褐色眉纹,下体白色而带黑色纵纹,仅胸带黄褐色。

虹膜浅褐色;嘴黑色;脚暗橘黄色。

多见于亚高山与高山草甸、灌丛地带。

图片拍摄于:花岩子/卧龙　2015/07

57. 梅花雀科 Estrildidae

本科多为小型鸟类。嘴粗短，略呈圆锥状。脚强壮。多数种类雌雄异色，雄鸟体色艳丽。

本科鸟类在保护区境内有1属2种。

梅花雀科 Estrildidae	文鸟属 Lonchura	白腰文鸟	Lonchura striata
		斑文鸟	Lonchura punctulata

白腰文鸟 Lonchura striata

体长约11厘米。上体深褐色，特征为具尖形的黑色尾，腰白色，腹部皮黄白色。背上有白色纵纹，下体具细小的皮黄色鳞状斑及细纹。亚成鸟体色较淡，腰皮黄色。

虹膜褐色；嘴灰色；脚灰色。

见于保护区低海拔地区开阔地带的灌丛、草丛及农耕地。

图片拍摄于：贾家沟/卧龙　2015/07

斑文鸟 *Lonchura punctulata*

体长约10厘米。体色多褐色。雌雄同色。上体褐色，羽轴白色而成纵纹，喉红褐色，下体白色，胸及两胁具深褐色鳞状斑。亚成鸟下体深皮黄色而无鳞状斑。

虹膜红褐色；嘴蓝灰色；脚灰黑色。

见于保护区低海拔地区开阔地带的灌丛、草丛及农耕地。

图片拍摄于：沙湾/卧龙　2015/07

58. 雀科 Passeridae

小型鸟类,形似麻雀。嘴粗厚而短,近似圆锥形。鼻孔常被羽毛或皮肤所遮盖。本科鸟类在保护区境内有1属4种。

雀科 Passeridae	雀属 Passer	家麻雀	Passer domesticus
		黑胸麻雀	Passer hispaniolensis
		山麻雀	Passer cinnamomeus
		麻雀	Passer montanus

本科常见与代表种类:

黑胸麻雀 Passer hispaniolensis

体长约16厘米。嘴厚。成年雄鸟头顶及颈背栗色,脸颊白,上背及两胁密布黑色纵纹,颏及上胸黑色。雌鸟较为单色,似家麻雀雌鸟但嘴较大且眉纹较长,上背两侧色浅,胸及两胁具浅色纵纹。

虹膜深褐色;嘴为雄鸟黑色,雌鸟黄色,嘴端黑色;脚粉褐色。

黑胸麻雀在我国主要分布于内蒙古西部和新疆西部,在四川尚无记录。2017年3月,在巴朗山贝母坪附近观察到2只并拍摄影像,疑为迷鸟或逃逸鸟。

图片拍摄于:巴朗山/卧龙 2016/03

麻雀 *Passer montanus*

体长约14厘米。顶冠及颈背褐色,两性同色。成鸟上体近褐色,下体皮黄灰色,颈背具完整的灰白色领环。与家麻雀及山麻雀的区别在脸颊具明显黑色点斑且喉部黑色较少。

虹膜深褐色;嘴黑色;脚粉褐色。

常见于保护区低海拔地区各类生境。

图片拍摄于:卧龙关/卧龙 2016/01

59. 鹡鸰科 Motacillidae

体形细小。嘴细小且嘴须较发达。翅长而尖。尾较长，通常外侧尾羽为白色。脚细长，后趾与爪均较长。本科鸟类多为地面活动。停歇时尾常不停地上下或左右摆动。本科鸟类在保护区境内有3属8种。

鹡鸰科 Motacillidae	山鹡鸰属 Dendronanthus	山鹡鸰	Dendronanthus indicus
	鹡鸰属 Motacilla	黄头鹡鸰	Motacilla citreola
		灰鹡鸰	Motacilla cinerea
		白鹡鸰	Motacilla alba
	鹨属 Anthus	田鹨	Anthus richardi
		树鹨	Anthus hodgsoni
		粉红胸鹨	Anthus roseatus
		水鹨	Anthus spinoletta

本科常见与代表种类：

山鹡鸰 Dendronanthus indicus

体长约17厘米。上体灰褐，眉纹白色；两翼具黑白色的粗显斑纹。下体白色，胸上具两道黑色的横斑纹，较下的一道横纹有时不完整。停歇时尾部左右摆动是野外观察的鉴别特征。

虹膜灰色；嘴角质褐色，下嘴较淡；脚偏粉色。

见于低海拔河谷、灌丛及农耕地地区。

图片拍摄于：足木山/卧龙 2016/07

灰鹡鸰 *Motacilla cinerea*

体长约19厘米。腰为黄绿色，下体黄色。与黄鹡鸰的区别在上背灰色，飞行时白色翼斑和黄色的腰显现，且尾较长。成鸟下体黄色，亚成鸟偏白色。

虹膜褐色；嘴黑褐色；脚粉灰色。

常见于保护区低海拔河谷地带和农耕地。也偶见于海拔3800米以下的亚高山草甸。

图片拍摄于：花岩子/卧龙　2017/04

白鹡鸰 *Motacilla alba*

体长约20厘米。体羽上体灰色,下体白色,两翼及尾黑白相间。冬季头后、颈背及胸具黑色斑纹但不如繁殖期扩展。黑色的多少随亚种而异。

虹膜褐色;嘴黑色;脚黑色。

常见于保护区低海拔河谷地带和农耕地。

图片拍摄于:沙湾/卧龙 2015/07

树鹨 *Anthus hodgsoni*

体长约15厘米。具粗显的白色眉纹。与其他鹨的区别在上体纵纹较少,喉及两胁皮黄色,胸及两胁黑色纵纹浓密。

虹膜褐色;上嘴角质色,下嘴偏粉;脚粉红色。

常见于阔叶林、次生林、林缘灌丛及农耕地。

图片拍摄于:沙湾/卧龙　2015/07

粉红胸鹨 *Anthus roseatus*

体长15厘米左右。眉纹显著。繁殖期下体粉红而几无纵纹,眉纹粉红。非繁殖期粉皮黄色的粗眉线明显,背灰而具黑色粗纵纹,胸及两胁具浓密的黑色点斑或纵纹。

虹膜褐色;嘴灰色;脚偏粉色。

多活动于海拔3800米及以下林间草地、河谷、农耕地带。具有垂直迁徙或异地迁徙习性。

图片拍摄于:巴朗山/卧龙 2015/07

60. 燕雀科 Fringillidae

体型中等。具粗短、强健而尖的嘴；鼻孔被厚羽毛掩盖；脚强健；翼圆。以小昆虫和植物果实为食。

本科鸟类在保护区境内有10属24种。

燕雀科 Fringillidae	燕雀属 Fringilla	燕雀	Fringilla montifringilla
	拟蜡嘴雀属 Mycerobas	黄颈拟蜡嘴雀	Mycerobas affinis
		白点翅拟蜡嘴雀	Mycerobas melanozanthos
		白斑翅拟蜡嘴雀	Mycerobas carnipes
	蜡嘴雀属 Eophona	黑尾蜡嘴雀	Eophona migratoria
	灰雀属 Pyrrhula	灰头灰雀	Pyrrhula erythaca
	暗胸朱雀属 Procarduelis	暗胸朱雀	Procarduelis nipalensis
	岭雀属 Leucosticte	林岭雀	Leucosticte nemoricola
		高山岭雀	Leucosticte brandti
	朱雀属 Carpodacus	普通朱雀	Carpodacus erythrinus
		拟大朱雀	Carpodacus rubicilloides
		红眉朱雀	Carpodacus pulcherrimus
		曙红朱雀	Carpodacus waltoni
		棕朱雀	Carpodacus edwardsii
		点翅朱雀	Carpodacus rodopeplus
		酒红朱雀	Carpodacus vinaceus
		长尾雀	Carpodacus sibiricus
		斑翅朱雀	Carpodacus trifasciatus
		白眉朱雀	Carpodacus dubius
		红胸朱雀	Carpodacus puniceus
		红眉松雀	Carpodacus subhimachala
	金翅雀属 Chloris	金翅雀	Chloris sinica
	交嘴雀属 Loxia	红交嘴雀	Loxia curvirostra
	黄雀属 Spinus	黄雀	Spinus spinus

本科常见与代表种类如下。

燕雀 *Fringilla montifringilla*

体长约16厘米。头及颈背黑色,胸棕色而腰白色,腹部白色。两翼及叉形的尾黑色,有醒目的白色"肩"斑和棕色的翼斑,初级飞羽基部具白色点斑。

虹膜褐色;嘴黄色,嘴尖黑色;脚粉褐色。

成对或结群活动于保护区内各类生境。

图片拍摄于:沙湾/卧龙 2018/01

黄颈拟蜡嘴雀 *Mycerobas affinis*

体长约22厘米。头大，嘴大。体色以黑黄色为主。成年雄鸟头、喉、两翼及尾黑色，其余部位黄色。雌鸟头及喉灰色，覆羽、肩及上背暗灰黄。雄性幼鸟似成鸟但色暗。

虹膜深褐色；嘴绿黄色；脚橘黄色。

多见于针阔混交林、阔叶林区。

图片拍摄于：邓生沟/卧龙　2017/02

白斑翅拟蜡嘴雀 *Mycerobas carnipes*

体长约23厘米，体色为黑色和暗黄色。头大、嘴厚重。繁殖期雄鸟外形似雄性白点翅拟蜡嘴雀，但腰黄，胸黑，三级飞羽及大覆羽羽端点斑黄色，初级飞羽基部白色块斑在飞行时明显易见。雌鸟似雄鸟但色暗，灰色取代黑色，脸颊及胸具模糊的浅色纵纹。幼鸟似雌鸟但褐色较重。

虹膜深褐色；嘴灰色；脚粉褐色。

多见于针阔混交林、阔叶林及林缘灌丛。

图片拍摄于：花岩子/卧龙　2016/11

黑尾蜡嘴雀 *Eophona migratoria*

体长约17厘米，外形墩实。黄色的嘴硕大而端黑。雄鸟整个头部亮黑色，后颈、背暗灰褐色。外侧飞羽羽端白色，臀黄褐。雌鸟似雄鸟但头部为暗灰褐色。

虹膜褐色；嘴深黄色而端黑；脚粉褐色。

多见于低海拔阔叶林区。

图片拍摄于：核桃坪/卧龙　2015/07

灰头灰雀 *Pyrrhula erythaca*

体长约17厘米。嘴厚略带钩。成鸟头灰色。雄鸟胸及腹部深橘黄色。雌鸟下体及上背暖褐色,背有黑色条带。幼鸟似雌鸟但整个头全褐色,仅有极细小的黑色眼罩。飞行时白色的腰及灰白色的翼斑明显可见。

虹膜深褐色;嘴近黑色;脚粉褐色。

多活动于针阔混交林、阔叶林、次生林及灌丛。

图片拍摄于:沙湾/卧龙 2015/10

暗胸朱雀 *Procarduelis nipalensis*

体长约16厘米。颈背及上体深褐而染绯红色。雄鸟额、眉纹、脸颊及耳羽鲜亮粉色,胸深紫栗色。与棕朱雀及酒红朱雀的区别为额粉红色,嘴较细,眉纹不伸至眼前,胸暗色。雌鸟为甚单一的灰褐色,具两道浅色的翼斑。

虹膜褐色;嘴偏灰的角质色;脚粉褐色。

多见于亚高山、高山灌丛、草甸。

图片拍摄于:花岩子/卧龙 2016/07

林岭雀 *Leucosticte nemoricola*

体长15厘米左右。带浅色纵纹，具浅色的眉纹和白色或乳白色的细小翼斑，凹形的尾无白色。雌雄同色。

虹膜深褐色；嘴角质色；脚灰色。

多见于保护区内亚高山、高山灌丛、草甸环境。

图片拍摄于：贝母坪/卧龙　2015/07

高山岭雀 *Leucosticte brandti*

体长约18厘米。雄鸟头部色深，腰偏粉色。与林岭雀外形及羽色均相似，但头顶色甚深，颈背及上背灰色，覆羽明显为浅色，腰偏粉色。

虹膜深褐色；嘴灰色；脚深褐色。

多见于保护区内亚高山、高山灌丛、草甸环境。

图片拍摄于：巴朗山/卧龙　2015/07

普通朱雀 *Carpodacus erythrinus*

体长约15厘米。雄鸟全身深绯红色，腰色较淡，眉纹及三级飞羽羽端浅粉色。雌鸟橄榄褐色而具深色纵纹。

虹膜褐色；嘴角质色；脚褐色。

多见于亚高山、高山灌丛、草甸。

图片拍摄于：邓生站/卧龙　2015/07

拟大朱雀 *Carpodacus rubicilloides*

体长19厘米左右。嘴大，两翼及尾长。繁殖期雄鸟的脸、额及下体深红，顶冠及下体具白色纵纹；颈背及上背灰褐而具深色纵纹，仅略沾粉色；腰粉红色。雌鸟灰褐而密布纵纹。

虹膜深褐色；嘴角质粉色；脚近灰色。

多见于亚高山、高山流石滩、灌丛、草甸。

图片拍摄于：干海子/卧龙 2015/07

曙红朱雀 *Carpodacus waltoni*

体长约13厘米。眉纹、脸颊、胸及腰粉色较暗。头顶至后颈红褐色，具褐色羽干纹。甚似红眉朱雀但体型较小。

虹膜深褐色；嘴角质褐色；脚淡褐色。

多见于亚高山、高山灌丛、草甸。

图片拍摄于：干海子/卧龙　2015/07

酒红朱雀 *Carpodacus vinaceus*

体长约15厘米。雄鸟全身深绯红色，腰色较淡，眉纹及三级飞羽羽端浅粉色。较其他朱雀色深；较点翅朱雀体小；较暗胸朱雀或曙红朱雀喉色深。雌鸟橄榄褐色而具深色纵纹，三级飞羽羽端浅皮黄色而有别于暗胸朱雀或赤朱雀。

虹膜褐色；嘴角质色；脚褐色。

偶见于海拔2000～3400米的林地及灌丛。

图片拍摄于：花岩子/卧龙 2016/07

白眉朱雀 *Carpodacus dubius*

体长约17厘米。雄鸟腰及顶冠粉色，浅粉色的眉纹后端成特征性白色。中覆羽羽端白色成微弱翼斑。雌鸟与其他雌性朱雀的区别为腰色深而偏黄，眉纹后端白色。下体具浓密纵纹。

虹膜深褐色；嘴角质色；脚褐色。

多见于亚高山、高山灌丛、草甸。

图片拍摄于：干海子/卧龙 2015/07

红胸朱雀 *Carpodacus puniceus*

体长20厘米左右。嘴甚长。繁殖期雄鸟眉纹红色,眉线短而绯红色,颏至胸绯红色,腰粉红色,眼纹色深。雌鸟无粉色,上下体均具浓密纵纹。

虹膜深褐色;嘴淡褐色;脚褐色。

多见于亚高山、高山流石滩、灌丛、草甸。

图片拍摄于:巴朗山/卧龙 2015/07

红眉松雀 *Carpodacus subhimachala*

体长19厘米左右。嘴粗厚。成年雄鸟的眉、脸下颊、颏及喉猩红色；上体红褐色，腰栗色，下体灰色。雌鸟橄榄黄色取代雄鸟的红色，上体沾绿橄榄色，颏及喉灰。第一夏的雄鸟似成年雄鸟但橘黄色取代红色。雌鸟与血雀雌鸟的区别为额及胸侧黄色。

虹膜深褐色；嘴黑褐色，下嘴基较淡；脚深褐色。

多见于针阔混交林、阔叶林或灌丛地带。

图片拍摄于：花岩子/卧龙 2017/05

金翅雀 *Chloris sinica*

体长13厘米左右。体多黄色和褐色。具宽阔的黄色翼斑。成体雄鸟顶冠及颈背灰色,背纯褐色,翼斑、外侧尾羽基部及臀黄。雌鸟色暗。

虹膜深褐色;嘴偏粉色;脚粉褐色。

多活动于低海拔地区阔叶林、次生林、灌草丛。

图片拍摄于:核桃坪/卧龙 2015/07

红交嘴雀 *Loxia curvirostra*

体长16厘米左右。嘴端呈上下相侧交。雄鸟额基黑红,头顶、上体、腰部红色。尾、翅黑褐色。雌鸟似雄鸟但为暗橄榄绿色,两胁粘黄色。

虹膜深褐色;嘴近黑色;脚近黑色。

多活动于针叶林、针阔混交林和阔叶林带。

图片拍摄于:干海子/卧龙　2016/11

61. 鹀科 Emberizidae

具有圆锥形的鸟喙，多数种类体羽的颜色和图案都很单一，主要是棕色，黑色，灰色，黄色和白色，经常挑染棕色或灰色，少数在种类羽毛丰富多彩或醒目标示。

本科鸟类在保护区境内有2属7种。

鹀科 Emberizidae	凤头鹀属 Melophus	凤头鹀	Melophus lathami
	鹀属 Emberiza	蓝鹀*	Emberiza siemsseni
		灰眉岩鹀	Emberiza godlewskii
		小鹀	Emberiza pusilla
		黄眉鹀	Emberiza chrysophrys
		黄喉鹀	Emberiza elegans
		灰头鹀	Emberiza spodocephala

本科常见与代表种类：

蓝鹀 *Emberiza siemsseni*

体长约13厘米，体色多为蓝灰色。雄鸟体羽大致石蓝灰色，仅腹部、臀及尾外缘白色，三级飞羽近黑色。雌鸟为暗褐色而无纵纹，具两道锈色翼斑，腰灰，头及胸棕色。

虹膜深褐色；嘴黑色；脚偏粉色。

常见于低海拔地区次生林、灌丛及农耕地。

图片拍摄于：沙湾/卧龙 2018/01

灰眉岩鹀 *Emberiza godlewskii*

体长约16厘米。特征为头具灰色及黑色条纹，下体暖褐色。雌鸟似雄鸟但体色暗，且头部的灰色条纹较淡。

虹膜深红褐色；嘴灰色，嘴端近黑，下嘴基黄色或粉色；脚橙褐色。

多见于干燥少植被的多岩丘陵山坡及沟壑深谷，冬季移至开阔多矮丛的生境。

图片拍摄于：沙湾/卧龙　2016/11

小鹀 *Emberiza pusilla*

体长约13厘米。体羽多褐色和灰色。头具黑色和栗色条纹，眼圈色浅。耳羽及顶冠纹暗褐色。上体褐色而带深色纵纹，下体浅灰胸及两胁有黑色纵纹。

虹膜深红褐色；嘴灰色；脚红褐色。

多活动于低海拔林缘灌丛、草地及农耕地。

图片拍摄于：沙湾/卧龙　2015/07

黄喉鹀 *Emberiza elegans*

体长约15厘米。腹白色，头部图纹为清楚的黑色及黄色，具短羽冠。雌鸟似雄鸟但色暗，褐色取代黑色，皮黄色取代黄色。

虹膜深栗褐；嘴近黑色；脚浅灰褐色。

多活动于低海拔阔叶落叶林及混交林。

图片拍摄于：沙湾/卧龙　2016/11

附录

卧龙国家级自然保护区鸟类名录

卧龙国家级自然保护区受保护鸟类名录

卧龙国家级自然保护区鸟类名录

目名	科名	属名	中文种名	拉丁学名
一、鸡形目 GALLIFORMES	（一）雉科 Phasianidae	1. 花尾榛鸡属 Tetrastes	(1) 斑尾榛鸡 *	Tetrastes sewerzowi
		2. 雪鹑属 Lerwa	(2) 雪鹑	Lerwa lerwa
		3. 雉鹑属 Tetraophasis	(3) 红喉雉鹑 *	Tetraophasis obscurus
		4. 雪鸡属 Tetraogallus	(4) 藏雪鸡	Tetraogallus tibetanus
		5. 山鹑属 Perdix	(5) 高原山鹑	Perdix hodgsoniae
		6. 竹鸡属 Bambusicola	(6) 灰胸竹鸡 *	Bambusicola thoracicus
		7. 血雉属 Ithaginis	(7) 血雉	Ithaginis cruentus
		8. 角雉属 Tragopan	(8) 红腹角雉	Tragopan temminckii
		9. 勺鸡属 Pucrasia	(9) 勺鸡	Pucrasia macrolopha
		10. 虹雉属 Lophophorus	(10) 绿尾虹雉 *	Lophophorus lhuysii
		11. 马鸡属 Crossoptilon	(11) 白马鸡 *	Crossoptilon crossoptilon
		12. 雉属 Phasianus	(12) 环颈雉	Phasianus colchicus
		13. 锦鸡属 Chrysolophus	(13) 红腹锦鸡 *	Chrysolophus pictus
			(14) 白腹锦鸡	Chrysolophus amherstiae
二、雁形目 ANSERIFORMES	（二）鸭科 Anatidae	14. 雁属 Anser	(15) 斑头雁	Anser indicus
		15. 麻鸭属 Tadorna	(16) 赤麻鸭	Tadorna ferruginea
		16. 鸳鸯属 Aix	(17) 鸳鸯	Aix galericulata
		17. 赤颈鸭属 Mareca	(18) 赤膀鸭	Mareca strepera
			(19) 赤颈鸭	Mareca penelope
		18. 鸭属 Anas	(20) 绿头鸭	Anas platyrhynchos
			(21) 斑嘴鸭	Anas zonorhyncha
			(22) 绿翅鸭	Anas crecca crecca
		19. 琵嘴鸭属 Spatula	(23) 琵嘴鸭	Spatula clypeata
		20. 潜鸭属 Aythya	(24) 白眼潜鸭	Aythya nyroca
		21. 秋沙鸭属 Mergus	(25) 普通秋沙鸭	Mergus merganser

（续）

目名	科名	属名	中文种名	拉丁学名
三、䴙䴘目 PODICIPEDIFORMES	（三）䴙䴘科 Podicipedidae	22. 小䴙䴘属 Tachybaptus	(26) 小䴙䴘	Tachybaptus ruficollis
		23. 䴙䴘属 Podiceps	(27) 凤头䴙䴘	Podiceps cristatus
			(28) 黑颈䴙䴘	Podiceps nigricollis
四、鸽形目 COLUMBIFORMES	（四）鸠鸽科 Columbidae	24. 鸽属 Columba	(29) 岩鸽	Columba rupestris
			(30) 雪鸽	Columba leuconota
			(31) 斑林鸽	Columba hodgsonii
		25. 斑鸠属 Streptopelia	(32) 山斑鸠	Streptopelia orientalis
			(33) 火斑鸠	Streptopelia tranquebarica
			(34) 珠颈斑鸠	Streptopelia chinensis
五、夜鹰目 CAPRIMULGIFORMES	（五）夜鹰科 Caprimulgidae	26. 夜鹰属 Caprimulgus	(35) 普通夜鹰	Caprimulgus indicus
	（六）雨燕科 Apodidae	27. 金丝燕属 Aerodramus	(36) 短嘴金丝燕	Aerodramus brevirostris
		28. 雨燕属 Apus	(37) 白腰雨燕	Apus pacificus
			(38) 小白腰雨燕	Apus nipalensis
六、鹃形目 CUCULIFORMES	（七）杜鹃科 Cuculidae	29. 鸦鹃属 Centropus	(39) 小鸦鹃	Centropus bengalensis
		30. 凤头鹃属 Clamator	(40) 红翅凤头鹃	Clamator coromandus
		31. 噪鹃属 Eudynamys	(41) 噪鹃	Eudynamys scolopaceus
		32. 鹰鹃属 Hierococcyx	(42) 大鹰鹃	Hierococcyx sparverioides
		33. 杜鹃属 Cuculus	(43) 小杜鹃	Cuculus poliocephalus
			(44) 四声杜鹃	Cuculus micropterus
			(45) 中杜鹃	Cuculus saturatus
			(46) 大杜鹃	Cuculus canorus
七、鹤形目 GRUIFORMES	（八）秧鸡科 Rallidae	34. 苦恶鸟属 Amaurornis	(47) 白胸苦恶鸟	Amaurornis phoenicurus
		35. 董鸡属 Gallicrex	(48) 董鸡	Gallicrex cinerea
八、鸻形目 CHARADRIIFORMES	（九）鹮嘴鹬科 Ibidorhynchidae	36. 鹮嘴鹬属 Ibidorhyncha	(49) 鹮嘴鹬	Ibidorhyncha struthersii

（续）

目名	科名	属名	中文种名	拉丁学名
八、鸻形目 CHARADRIIFORMES	（十）鸻科 Charadriidae	37. 麦鸡属 Vanellus	(50) 凤头麦鸡	Vanellus vanellus
		38. 鸻属 Charadrius	(51) 金眶鸻	Charadrius dubius
	（十一）鹬科 Scolopacidae	39. 丘鹬属 Scolopax	(52) 丘鹬	Scolopax rusticola
		40. 沙锥属 Gallinago	(53) 孤沙锥	Gallinago solitaria
			(54) 林沙锥	Gallinago nemoricola
		41. 鹬属 Tringa	(55) 鹤鹬	Tringa erythropus
			(56) 红脚鹬	Tringa totanus
			(57) 白腰草鹬	Tringa ochropus
			(58) 泽鹬	Tringa stagnatilis
			(59) 林鹬	Tringa glareola
	（十二）三趾鹑科 Turnicidae	42. 三趾鹑属 Turnix	(60) 黄脚三趾鹑	Turnix tanki
	（十三）燕鸻科 Glareolidae	43. 燕鸻属 Glareola	(61) 普通燕鸻	Glareola maldivarum
九、鹳形目 CICONIIFORMES	（十四）鹳科 Ciconiidae	44. 鹳属 Ciconia	(62) 黑鹳	Ciconia nigra
十、鲣鸟目 SULIFORMES	（十五）鸬鹚科 Phalacrocoracidae	45. 鸬鹚属 Phalacrocorax	(63) 普通鸬鹚	Phalacrocorax carbo
十一、鹈形目 PELECANIFORMES	（十六）鹭科 Ardeidae	46. 苇鳽属 Ixobrychus	(64) 栗苇鳽	Ixobrychus cinnamomeus
		47. 夜鹭属 Nycticorax	(65) 夜鹭	Nycticorax nycticorax
		48. 池鹭属 Ardeola	(66) 池鹭	Ardeola bacchus
		49. 白鹭属 Egretta	(67) 白鹭	Egretta garzetta
十二、鹰形目 ACCIPITRIFORMES	（十七）鹰科 Accipitridae	50. 蜂鹰属 Pernis	(68) 凤头蜂鹰	Pernis ptilorhynchus
		51. 胡兀鹫属 Gypaetus	(69) 胡兀鹫	Gypaetus barbatus
		52. 兀鹫属 Gyps	(70) 高山兀鹫	Gyps himalayensis
		53. 乌雕属 Clanga	(71) 乌雕	Clanga clanga
		54. 秃鹫属 Aegypius	(72) 秃鹫	Aegypius monachus

（续）

目名	科名	属名	中文种名	拉丁学名
十二、鹰形目 ACCIPITRIFORMES	（十七）鹰科 Accipitridae	55. 雕属 Aquila	(73) 草原雕	Aquila nipalensis
			(74) 金雕	Aquila chrysaetos
		56. 鹰属 Accipiter	(75) 凤头鹰	Accipiter trivirgatus
			(76) 赤腹鹰	Accipiter soloensis
			(77) 日本松雀鹰	Accipiter gularis
			(78) 松雀鹰	Accipiter virgatus
			(79) 雀鹰	Accipiter nisus
			(80) 苍鹰	Accipiter gentilis
		57. 鹞属 Circus	(81) 鹊鹞	Circus melanoleucos
		58. 鸢属 Milvus	(82) 黑鸢	Milvus migrans
		59. 鵟属 Buteo	(83) 大鵟	Buteo hemilasius
			(84) 普通鵟	Buteo japonicus
十三、鸮形目 STRIGIFORMES	（十八）鸱鸮科 Strigidae	60. 角鸮属 Otus	(85) 领角鸮	Otus lettia
			(86) 红角鸮	Otus sunia
		61. 雕鸮属 Bubo	(87) 雕鸮	Bubo bubo
		62. 林鸮属 Strix	(88) 灰林鸮	Strix aluco
		63. 鸺鹠属 Glaucidium	(89) 领鸺鹠	Glaucidium brodiei
			(90) 斑头鸺鹠	Glaucidium cuculoides
		64. 小鸮属 Athene	(91) 纵纹腹小鸮	Athene noctua
		65. 长耳鸮属 Asio	(92) 长耳鸮	Asio otus
			(93) 短耳鸮	Asio flammeus
十四、犀鸟目 BUCEROTIFORMES	（十九）戴胜科 Upupidae	66. 戴胜属 Upupa	(94) 戴胜	Upupa epops
十五、佛法僧目 CORACIIFORMES	（二十）翠鸟科 Alcedinidae	67. 翡翠属 Halcyon	(95) 蓝翡翠	Halcyon pileata
		68. 翠鸟属 Alcedo	(96) 普通翠鸟	Alcedo atthis
十六、啄木鸟目 PICIFORMES	（二十一）啄木鸟科 Picidae	69. 蚁䴕属 Jynx	(97) 蚁䴕	Jynx torquilla
		70. 姬啄木鸟属 Picumnus	(98) 斑姬啄木鸟	Picumnus innominatus
		71. 啄木鸟属 Dendrocopos	(99) 棕腹啄木鸟	Dendrocopos hyperythrus
			(100) 星头啄木鸟	Dendrocopos canicapillus

（续）

目名	科名	属名	中文种名	拉丁学名
十六、啄木鸟目 PICIFORMES	（二十一）啄木鸟科 Picidae	71. 啄木鸟属 Dendrocopos	(101) 赤胸啄木鸟	Dendrocopos cathpharius
			(102) 黄颈啄木鸟	Dendrocopos darjellensis
			(103) 白背啄木鸟	Dendrocopos leucotos
			(104) 大斑啄木鸟	Dendrocopos major
		72. 北美啄木鸟属 Picoides	(105) 三趾啄木鸟	Picoides tridactylus
		73. 黑啄木鸟属 Dryocopus	(106) 黑啄木鸟	Dryocopus martius
		74. 绿啄木鸟属 Picus	(107) 灰头绿啄木鸟	Picus canus
		75. 噪啄木鸟属 Blythipicus	(108) 黄嘴栗啄木鸟	Blythipicus pyrrhotis
十七、隼形目 FALCONIFORMES	（二十二）隼科 Falconidae	76. 隼属 Falco	(109) 红隼	Falco tinnunculus
			(110) 灰背隼	Falco columbarius
			(111) 燕隼	Falco subbuteo streichi
			(112) 猎隼	Falco cherrug
十八、雀形目 PASSERIFORMES	（二十三）黄鹂科 Oriolidae	77. 黄鹂属 Oriolus	(113) 黑枕黄鹂	Oriolus chinensis
	（二十四）莺雀科 Vireonidae	78. 䴗鹛属 Pteruthius	(114) 淡绿䴗鹛	Pteruthius xanthochlorus
	（二十五）山椒鸟科 Campephagidae	79. Lalage	(115) 暗灰鹃䴗	Lalage melaschistos
		80. 山椒鸟属 Pericrocotus	(116) 长尾山椒鸟	Pericrocotus ethologus
			(117) 短嘴山椒鸟	Pericrocotus brevirostris
	（二十六）扇尾鹟科 Rhipiduridae	81. 扇尾鹟属 Rhipidura	(118) 白喉扇尾鹟	Rhipidura albicollis
	（二十七）卷尾科 Dicruridae	82. 卷尾属 Dicrurus	(119) 黑卷尾	Dicrurus macrocercus
			(120) 发冠卷尾	Dicrurus hottentottus
	（二十八）伯劳科 Laniidae	83. 伯劳属 Lanius	(121) 牛头伯劳	Lanius bucephalus
			(122) 红尾伯劳	Lanius cristatus
			(123) 棕背伯劳	Lanius schach
			(124) 灰背伯劳	Lanius tephronotus
	（二十九）鸦科 Corvidae	84. 松鸦属 Garrulus	(125) 松鸦	Garrulus glandarius

（续）

目名	科名	属名	中文种名	拉丁学名
十八、雀形目 PASSERIFORMES	（二十九）鸦科 Corvidae	85. 灰喜鹊属 Cyanopica	(126) 灰喜鹊	Cyanopica cyanus
		86. 蓝鹊属 Urocissa	(127) 红嘴蓝鹊	Urocissa erythroryncha
		87. 鹊属 Pica	(128) 喜鹊	Pica pica
		88. 星鸦属 Nucifraga	(129) 星鸦	Nucifraga caryocatactes
		89. 山鸦属 Pyrrhocorax	(130) 红嘴山鸦	Pyrrhocorax pyrrhocorax
			(131) 黄嘴山鸦	Pyrrhocorax graculus
		90. 鸦属 Corvus	(132) 小嘴乌鸦	Corvus corone
			(133) 大嘴乌鸦	Corvus macrorhynchos
	（三十）玉鹟科 Stenostiridae	91. 方尾鹟属 Culicicapa	(134) 方尾鹟	Culicicapa ceylonensis
	（三十一）山雀科 Paridae	92. 火冠雀属 Cephalopyrus	(135) 火冠雀	Cephalopyrus flammiceps
		93. 黄眉林雀属 Sylviparus	(136) 黄眉林雀	Sylviparus modestus
		94. 黑冠山雀属 Periparus	(137) 黑冠山雀	Periparus rubidiventris
			(138) 煤山雀	Periparus ater
		95. 黄腹山雀属 Pardaliparu	(139) 黄腹山雀*	Pardaliparus venustulus
		96. 冠山雀属 Lophophane	(140) 褐冠山雀	Lophophanes dichrous
		97. 高山山雀属 Poecile	(141) 红腹山雀*	Poecile davidi
			(142) 沼泽山雀	Poecile palustris
			(143) 褐头山雀	Poecile montannus
		98. 山雀属 Parus	(144) 大山雀	Parus cinereus
			(145) 绿背山雀	Parus monticolus
	（三十二）百灵科 Alaudidae	99. 短趾百灵属 Calandrella	(146) 细嘴短趾百灵	Calandrella acutirostris
		100. 云雀属 Alauda	(147) 小云雀	Alauda gulgula
	（三十三）扇尾莺科 Cisticolidae	101. 扇尾莺属 Cisticola	(148) 棕扇尾莺	Cisticola juncidis
		102. 山鹪莺属 Prinia	(149) 纯色山鹪莺	Prinia inornata

（续）

目名	科名	属名	中文种名	拉丁学名
十八、雀形目 PASSERIFORMES	（三十四）鳞胸鹪鹛科 Pnoepygidae	103. 鳞胸鹪鹛属 Pnoepyga	(150) 鳞胸鹪鹛	Pnoepyga albiventer
			(151) 小鳞胸鹪鹛	Pnoepyga pusilla
	（三十五）蝗莺科 Locustellidae	104. 蝗莺属 Locustella	(152) 斑胸短翅蝗莺	Locustella thoracica
			(153) 棕褐短翅蝗莺	Locustella luteoventris
	（三十六）燕科 Hirundinidae	105. 燕属 Hirundo	(154) 家燕	Hirundo rustica
		106. 岩燕属 Ptyonoprogne	(155) 岩燕	Ptyonoprogne rupestris
		107. 毛脚燕属 Delichon	(156) 烟腹毛脚燕	Delichon dasypus
	（三十七）鹎科 Pycnonotidae	108. 雀嘴鹎属 Spizixos	(157) 领雀嘴鹎	Spizixos semitorques
		109. 鹎属 Pycnonotus	(158) 黄臀鹎	Pycnonotus xanthorrhous
			(159) 白头鹎	Pycnonotus sinensis
		110. Ixos	(160) 绿翅短脚鹎	Ixos mcclellandii
	（三十八）柳莺科 Phylloscopidae	111. 柳莺属 Phylloscopus	(161) 黄腹柳莺	Phylloscopus affinis
			(162) 棕腹柳莺	Phylloscopus subaffinis
			(163) 棕眉柳莺	Phylloscopus armandii
			(164) 橙斑翅柳莺	Phylloscopus pulcher
			(165) 灰喉柳莺	Phylloscopus maculipennis
			(166) 黄腰柳莺*	Phylloscopus proregulus
			(167) 四川柳莺*	Phylloscopus forresti
			(168) 黄眉柳莺	Phylloscopus inornatus
			(169) 暗绿柳莺	Phylloscopus trochiloides
			(170) 乌嘴柳莺	Phylloscopus magnirostris
			(171) 冠纹柳莺	Phylloscopus claudiae
		112. 鹟莺属 Seicercus	(172) 金眶鹟莺	Seicercus burkii
			(173) 比氏鹟莺	Seicercus valentini
			(174) 栗头鹟莺	Seicercus castaniceps
	（三十九）树莺科 Cettiidae	113. 拟鹟莺属 Abroscopus	(175) 棕脸鹟莺	Abroscopus albogularis

（续）

目名	科名	属名	中文种名	拉丁学名
十八、雀形目 PASSERIFORMES	（三十九）树莺科 Cettiidae	114. 暗色树莺属 Horornis	(176) 远东树莺	Horornis canturians
			(177) 强脚树莺	Horornis fortipes
			(178) 黄腹树莺	Horornis acanthizoides
		115. 树莺属 Cettia	(179) 大树莺	Cettia major
			(180) 棕顶树莺	Cettia brunnifrons
			(181) 栗头树莺	Cettia castaneocoronata
	（四十）长尾山雀科 Aegithalidae	116. 长尾山雀属 Aegithalos	(182) 红头长尾山雀	Aegithalos concinnus
			(183) 黑眉长尾山雀	Aegithalos bonvaloti
			(184) 银脸长尾山雀*	Aegithalos fuliginosus
		117. 雀莺属 Leptopoecile	(185) 花彩雀莺	Leptopoecile sophiae
			(186) 凤头雀莺*	Leptopoecile elegans
	（四十一）莺鹛科 Sylviidae	118. 金胸雀鹛属 Lioparus	(187) 金胸雀鹛	Lioparus chrysotis
		119. 宝兴鹛雀属 Moupinia	(188) 宝兴鹛雀*	Moupinia poecilotis
		120. 莺鹛属 Fulvetta	(189) 中华雀鹛*	Fulvetta striaticollis
			(190) 棕头雀鹛	Fulvetta ruficapilla
			(191) 褐头雀鹛	Fulvetta cinereiceps
		121. 红嘴鸦雀属 Conostoma	(192) 红嘴鸦雀	Conostoma aemodium
		122. 褐雅雀属 Cholornis	(193) 三趾鸦雀*	Cholornis paradoxus
		123. 棕头鸦雀属 Sinosuthora	(194) 白眶鸦雀*	Sinosuthora conspicillata
			(195) 棕头鸦雀	Sinosuthora webbiana
		124. 金色鸦雀属 Suthora	(196) 黄额鸦雀	Suthora fulvifrons
			(197) 黑喉鸦雀	Suthora nipalensis
		125. 鸦雀属 Paradoxornis	(198) 点胸鸦雀	Paradoxornis guttaticollis
	（四十二）绣眼鸟科 Zosteropidae	126. 凤鹛属 Yuhina	(199) 白领凤鹛	Yuhina diademata
			(200) 纹喉凤鹛	Yuhina gularis
			(201) 黑颏凤鹛	Yuhina nigrimenta

（续）

目名	科名	属名	中文种名	拉丁学名
十八、雀形目 PASSERIFORMES	（四十二）绣眼鸟科 Zosteropidae	127. 绣眼鸟属 Zosterops	(202) 红胁绣眼鸟	Zosterops erythropleurus
			(203) 暗绿绣眼鸟	Zosterops japonicus simplex
	（四十三）林鹛科 Timaliidae	128. Erythrogenys	(204) 斑胸钩嘴鹛	Erythrogenys gravivox
		129. 钩嘴鹛属 Pomatorhinus	(205) 棕颈钩嘴鹛	Pomatorhinus ruficollis
		130. 穗鹛属 Cyanoderma	(206) 红头穗鹛	Cyanoderma ruficeps
	（四十四）幽鹛科 Pellorneidae	131. Schoeniparus	(207) 褐顶雀鹛	Schoeniparus brunneus
		132. 雀鹛属 Alcippe	(208) 灰眶雀鹛	Alcippe morrisonia
			(209) 白眶雀鹛	Alcippe nipalensis
	（四十五）噪鹛科 Leiothrichidae	133. 草鹛属 Babax	(210) 矛纹草鹛	Babax lanceolatus
		134. 噪鹛属 Garrulax	(211) 画眉	Garrulax canorus
			(212) 灰翅噪鹛	Garrulax cineraceus
			(213) 斑背噪鹛*	Garrulax lunulatus
			(214) 大噪鹛*	Garrulax maximus
			(215) 眼纹噪鹛	Garrulax ocellatus
			(216) 白喉噪鹛	Garrulax albogularis
			(217) 白颊噪鹛	Garrulax sannio
		135. 彩翼噪鹛属 Trochalopteron	(218) 橙翅噪鹛*	Trochalopteron elliotii
			(219) 黑顶噪鹛	Trochalopteron affine
			(220) 红翅噪鹛	Trochalopteron formosum
		136. 相思鸟属 Leiothrix	(221) 红嘴相思鸟	Leiothrix lutea
	（四十六）旋木雀科 Certhiidae	137. 旋木雀属 Certhia	(222) 欧亚旋木雀	Certhia familiaris
			(223) 高山旋木雀	Certhia himalayana
			(224) 四川旋木雀*	Certhia tianquanensis
	（四十七）䴓科 Sittidae	138. 䴓属 Sitta	(225) 普通䴓	Sitta europaea
			(226) 栗臀䴓	Sitta nagaensis
		139. 旋壁雀属 Tichodroma	(227) 红翅旋壁雀	Tichodroma muraria

（续）

目名	科名	属名	中文种名	拉丁学名
	（四十八）鹪鹩科 Troglodytidae	140. 鹪鹩属 Troglodytes	(228) 鹪鹩	Troglodytes troglodytes
	（四十九）河乌科 Cinclidae	141. 河乌属 Cinclus	(229) 河乌	Cinclus cinclus
			(230) 褐河乌	Cinclus pallasii
	（五十）椋鸟科 Sturnidae	142. 丝光椋鸟属 Spodiopsar	(231) 灰椋鸟	Spodiopsar cineraceus
	（五十一）鸫科 Turdidae	143. 地鸫属 Zoothera	(232) 淡背地鸫	Zoothera mollissima
			(233) 长尾地鸫	Zoothera dixoni
			(234) 虎斑地鸫	Zoothera aurea
		144. 鸫属 Turdus	(235) 乌鸫	Turdus mandarinus
			(236) 灰头鸫	Turdus rubrocanus
			(237) 棕背黑头鸫	Turdus kessleri
			(238) 白腹鸫	Turdus pallidus
			(239) 赤颈鸫	Turdus ruficollis
			(240) 斑鸫	Turdus eunomus
			(241) 宝兴歌鸫 *	Turdus mupinensis
十八、雀形目 PASSERIFORMES	（五十二）鹟科 Muscicapidae	145. Larvivora	(242) 蓝歌鸲	Larvivora cyane
		146. Calliope	(243) 红喉歌鸲	Calliope calliope
			(244) 黑胸歌鸲	Calliope pectoralis
			(245) 黑喉歌鸲	Calliope obscura
			(246) 金胸歌鸲	Calliope pectardens
		147. 歌鸲属 Luscinia	(247) 白腹短翅鸲	Luscinia phoenicuroides
			(248) 蓝喉歌鸲	Luscinia svecica
		148. 鸲属 Tarsiger	(249) 红胁蓝尾鸲	Tarsiger cyanurus
			(250) 白眉林鸲	Tarsiger indicus
			(251) 金色林鸲	Tarsiger chrysaeus
		149. 鹊鸲属 Copsychus	(252) 鹊鸲	Copsychus saularis
		150. Phoenicuropsis	(253) 白喉红尾鸲	Phoenicuropsis schisticeps
			(254) 蓝额红尾鸲	Phoenicuropsis frontalis
		151. 红尾鸲属 Phoenicurus	(255) 赭红尾鸲	Phoenicurus ochruros
			(256) 黑喉红尾鸲	Phoenicurus hodgsoni
			(257) 北红尾鸲	Phoenicurus auroreus
		152. 水鸲属 Phyacornis	(258) 红尾水鸲	Rhyacornis fuliginosa

（续）

目名	科名	属名	中文种名	拉丁学名
十八、雀形目 PASSERIFORMES	（五十二）鹟科 Muscicapidae	153. 白顶溪鸲属 Chaimarrornis	(259) 白顶溪鸲	*Chaimarrornis leucocephalus*
		154. 蓝地鸲属 Myiomela	(260) 白尾蓝地鸲	*Myiomela leucurum*
		155. 啸鸫属 Myophonus	(261) 紫啸鸫	*Myophonus caeruleus*
		156. 大翅鸲属 Grandala	(262) 蓝大翅鸲	*Grandala coelicolor*
		157. 燕尾属 Enicurus	(263) 小燕尾	*Enicurus scouleri*
			(264) 灰背燕	*Enicurus schistaceus*
		158. 石䳭属 Saxicola	(265) 黑喉石䳭	*Saxicola maurus*
			(266) 灰林䳭	*Saxicola ferreus*
		159. 䳭属 Oenanthe	(267) 白顶䳭	*Oenanthe pleschanka*
		160. 矶鸫属 Monticola	(268) 蓝矶鸫	*Monticola solitarius*
			(269) 栗腹矶鸫	*Monticola rufiventris*
		161. 鹟属 Muscicapa	(270) 乌鹟	*Muscicapa sibirica*
			(271) 棕尾褐鹟	*Muscicapa ferruginea*
		162. 姬鹟属 Ficedula	(272) 白眉姬鹟	*Ficedula zanthopygia*
			(273) 锈胸蓝姬鹟	*Ficedula sordida*
			(274) 橙胸姬鹟	*Ficedula strophiata*
			(275) 红喉姬鹟	*Ficedula albicilla*
			(276) 棕胸蓝姬鹟	*Ficedula hyperythra*
			(277) 灰蓝姬鹟	*Ficedula tricolor*
		163. 铜蓝仙鹟属 Eumyias	(278) 铜蓝鹟	*Eumyias thalassinus*
		164. 仙鹟属 Niltava	(279) 棕腹大仙鹟	*Niltava davidi*
	（五十三）戴菊科 Regulidae	165. 戴菊属 Regulus	(280) 戴菊	*Regulus regulus*
	（五十四）太平鸟科 Bombycillidae	166. 太平鸟属 Bombycilla	(281) 太平鸟	*Bombycilla garrulus*
			(282) 小太平鸟	*Bombycilla japonica*
	（五十五）花蜜鸟科 Nectariniidae	167. 太阳鸟属 Aethopyga	(283) 蓝喉太阳鸟	*Aethopyga gouldiae*
	（五十六）岩鹨科 Prunellidae	168. 岩鹨属 Prunella	(284) 领岩鹨	*Prunella collaris*
			(285) 鸲岩鹨	*Prunella rubeculoides*
			(286) 棕胸岩鹨	*Prunella strophiata*
			(287) 栗背岩鹨	*Prunella immaculata*

（续）

目名	科名	属名	中文种名	拉丁学名
	（五十七）梅花雀科Estrildidae	169. 文鸟属 Lonchura	(288) 白腰文鸟	Lonchura striata
			(289) 斑文鸟	Lonchura punctulata
	（五十八）雀科 Passeridae	170. 雀属 Passer	(290) 家麻雀	Passer domesticus
			(291) 黑胸麻雀	Passer hispaniolensis
			(292) 山麻雀	Passer cinnamomeus
			(293) 麻雀	Passer montanus
	（五十九）鹡鸰科 Motacillidae	171. 山鹡鸰属 Dendronanthus	(294) 山鹡鸰	Dendronanthus indicus
		172. 鹡鸰属 Motacilla	(295) 黄头鹡鸰	Motacilla citreola
			(296) 灰鹡鸰	Motacilla cinerea
			(297) 白鹡鸰	Motacilla alba
		173. 鹨属 Anthus	(298) 田鹨	Anthus richardi
			(299) 树鹨	Anthus hodgsoni
			(300) 粉红胸鹨	Anthus roseatus
			(301) 水鹨	Anthus spinoletta
十八、雀形目 PASSERIFORMES	（六十）燕雀科 Fringillidae	174. 燕雀属 Fringilla	(302) 燕雀	Fringilla montifringilla
		175. 拟蜡嘴雀属 Mycerobas	(303) 黄颈拟蜡嘴雀	Mycerobas affinis
			(304) 白点翅拟蜡嘴雀	Mycerobas melanozanthos
			(305) 白斑翅拟蜡嘴雀	Mycerobas carnipes
		176. 蜡嘴雀属 Eophona	(306) 黑尾蜡嘴雀	Eophona migratoria
		177. 灰雀属 Pyrrhula	(307) 灰头灰雀	Pyrrhula erythaca
		178. 暗胸朱雀属 Procarduelis	(308) 暗胸朱雀	Procarduelis nipalensis
		179. 岭雀属 Leucosticte	(309) 林岭雀	Leucosticte nemoricola
			(310) 高山岭雀	Leucosticte brandti
		180. 朱雀属 Carpodacus	(311) 普通朱雀	Carpodacus erythrinus
			(312) 拟大朱雀	Carpodacus rubicilloides
			(313) 红眉朱雀	Carpodacus pulcherrimus
			(314) 曙红朱雀	Carpodacus waltoni
			(315) 棕朱雀	Carpodacus edwardsii
			(316) 点翅朱雀	Carpodacus rodopeplus
			(317) 酒红朱雀	Carpodacus vinaceus
			(318) 长尾雀	Carpodacus sibiricus

（续）

目名	科名	属名	中文种名	拉丁学名
十八、雀形目 PASSERIFORMES	（六十）燕雀科 Fringillidae	180. 朱雀属 Carpodacus	(319) 斑翅朱雀	Carpodacus trifasciatus
			(320) 白眉朱雀	Carpodacus dubius
			(321) 红胸朱雀	Carpodacus puniceus
			(322) 红眉松雀	Carpodacus subhimachala
		181. 金翅雀属 Chloris	(323) 金翅雀	Chloris sinica
		182. 交嘴雀属 Loxia	(324) 红交嘴雀	Loxia curvirostra
		183. 黄雀属 Spinus	(325) 黄雀	Spinus spinus
	（六十一）鹀科 Emberizidae	184. 凤头鹀属 Melophus	(326) 凤头鹀	Melophus lathami
		185. 鹀属 Emberiza	(327) 蓝鹀*	Emberiza siemsseni
			(328) 灰眉岩鹀	Emberiza godlewskii
			(329) 小鹀	Emberiza pusilla
			(330) 黄眉鹀	Emberiza chrysophrys
			(331) 黄喉鹀	Emberiza elegans
			(332) 灰头鹀	Emberiza spodocephala
18	61	185	332	

卧龙国家级自然保护区受保护野生鸟类名录

目名	科名	属名	中文名	拉丁学名	国家重点保护 I级	国家重点保护 II级	四川省重点保护物种	IUCN 极危(CR)	IUCN 濒危(EN)	CITES 附录I	CITES 附录II
一、鸡形目 GALLIFORMES	(一) 雉科 Phasianidae	1. 花尾榛鸡属 Tetrastes	(1) 斑尾榛鸡	*Tetrastes sewerzowi*	√						
		2. 雉鹑属 Tetraophasis	(2) 红喉雉鹑	*Tetraophasis obscurus*	√						
		3. 雪鸡属 Tetraogallus	(3) 藏雪鸡	*Tetraogallus tibetanus*		√				√	
		4. 血雉属 Ithaginis	(4) 血雉	*Ithaginis cruentus*		√					√
		5. 角雉属 Tragopan	(5) 红腹角雉	*Tragopan temminckii*		√					
		6. 虹雉属 Lophophorus	(6) 绿尾虹雉	*Lophophorus lhuysii*	√					√	
		7. 马鸡属 Crossoptilon	(7) 白马鸡	*Crossoptilon crossoptilon*		√				√	
		8. 锦鸡属 Chrysolophus	(8) 红腹锦鸡	*Chrysolcphus pictus*		√					
			(9) 白腹锦鸡	*Chrysolcphus amherstiae*		√					
二、雁形目 ANSERIFORMES	(二) 鸭科 Anatidae	9. 鸳鸯属 Aix	(10) 鸳鸯	*Aix galericulata*		√					
三、䴙䴘目 PODICIPEDIFORMES	(三) 䴙䴘科 Podicipedidae	10. 䴙䴘属 Podiceps	(11) 凤头䴙䴘	*Podiceps cristatus*			√				
			(12) 黑颈䴙䴘	*Podiceps nigricollis*			√				

（续）

目名	科名	属名	中文名	拉丁学名	受保护情况						
					国家重点保护		四川省重点保护物种	IUCN			CITES	
					I级	II级		极危（CR）	濒危（EN）		附录I	附录II
四、夜鹰目 CAPRIMULGIFORMES	（四）夜鹰科 Caprimulgidae	11. 夜鹰属 Caprimulgus	(13) 普通夜鹰	Caprimulgus indicus			√				
	（五）雨燕科 Apodidae	12. 雨燕属 Apus	(14) 小白腰雨燕	Apus nipalensis			√				
五、鹃形目 CUCULIFORMES	（六）杜鹃科 Cuculidae	13. 鸦鹃属 Centropus	(15) 小鸦鹃	Centropus bengalensis		√					
		14. 凤头鹃属 Clamator	(16) 红翅凤头鹃	Clamator coromandus			√				
六、鹤形目 GRUIFORMES	（七）秧鸡科 Rallidae	15. 董鸡属 Gallicrex	(17) 董鸡	Gallicrex cinerea			√				
七、鸻形目 CHARADRIIFORMES	（八）鹬科 Scolopacidae	16. 鹬属 Tringa	(18) 鹤鹬	Tringa erythropus			√				
八、鹳形目 CICONIIFORMES	（九）鹳科 Ciconiidae	17. 鹳属 Ciconia	(19) 黑鹳	Ciconia nigra	√						
九、鲣鸟目 SULIFORMES	（十）鸬鹚科 Phalacrocoracidae	18. 鸬鹚属 Phalacrocorax	(20) 普通鸬鹚	Phalacrocorax carbo			√				√
十、鹈形目 PELECANIFORMES	（十一）鹭科 Ardeidae	19. 苇鳽属 Ixobrychus	(21) 栗苇鳽	Ixobrychus cinnamomeus			√				

（续）

目名	科名	属名	中文名	拉丁学名	受保护情况						
					国家重点保护		四川省重点保护物种	IUCN		CITES	
					I级	II级		极危(CR)	濒危(EN)	附录I	附录II
十一、鹰形目 ACCIPITRI-FORMES	（十二）鹰科 Accipitridae	20. 蜂鹰属 Pernis	(22) 凤头蜂鹰	Pernis ptilorhynchus		√					√
		21. 胡兀鹫属 Gypaetus	(23) 胡兀鹫	Gypaetus barbatus	√						√
		22. 兀鹫属 Gyps	(24) 高山兀鹫	Gyps himalayensis		√					√
		23. 秃鹫属 Aegypius	(25) 秃鹫	Aegypius monachus		√					√
		24. 雕属 Aquila	(26) 草原雕	Aquila nipalensis	√				√		√
			(27) 金雕	Aquila chrysaetos	√					√	
		25. 鹰属 Accipiter	(28) 凤头鹰	Accipiter trivirgatus		√					√
			(29) 赤腹鹰	Accipiter soloensis		√					√
			(30) 日本松雀鹰	Accipiter gularis		√					√
			(31) 松雀鹰	Accipiter virgatus		√					√
			(32) 雀鹰	Accipiter nisus		√					√
			(33) 苍鹰	Accipiter gentilis		√					√
		26. 鹞属 Circus	(34) 鹊鹞	Circus melanoleucos		√					√
		27. 鸢属 Milvus	(35) 黑鸢	Milvus migrans		√					√
		28. 鵟属 Buteo	(36) 普通鵟	Buteo japonicus		√					√
			(37) 大鵟	Buteo hemilasius		√					√

(续)

目名	科名	属名	中文名	拉丁学名	国家重点保护		四川省重点保护物种	IUCN		CITES	
					I级	II级		极危(CR)	濒危(EN)	附录I	附录II
十二、鸮形目 STRIGIFORMES	(十三) 鸱鸮科 Strigidae	29. 角鸮属 Otus	(38) 领角鸮	Otus lettia		√					√
			(39) 红角鸮	Otus sunia		√					√
		30. 雕鸮属 Bubo	(40) 雕鸮	Bubo bubo		√					√
		31. 林鸮属 Strix	(41) 灰林鸮	Strix aluco		√					√
		32. 鸺鹠属 Glaucidium	(42) 领鸺鹠	Glaucidium brodiei		√					√
			(43) 斑头鸺鹠	Glaucidium cuculoides		√					√
		33. 小鸮属 Athene	(44) 纵纹腹小鸮	Athene noctua		√					√
		34. 长耳鸮属 Asio	(45) 短耳鸮	Asio flammeus							
十三、啄木鸟目 PICIFORMES	(十四) 啄木鸟科 Picidae	35. 黑啄木鸟属 Dryocopus	(46) 黑啄木鸟	Dryocopus martius			√				
十四、隼形目 FALCONIFORMES	(十五) 隼科 Falconidae	36. 隼属 Falco	(47) 红隼	Falco tinnunculus		√					√
			(48) 灰背隼	Falco columbarius		√					√
			(49) 燕隼	Falco subbuteo streichi		√					√
			(50) 猎隼	Falco cherrug					√		
十五、雀形目 PASSERIFORMES	(十六) 噪鹛科 Leiothrichidae	37. 噪鹛属 Garrulax	(51) 画眉	Garrulax canorus		√					√
		38. 相思鸟属 Leiothrix	(52) 红嘴相思鸟	Leiothrix lutea		√					√
15	16	38	52		6	34	10	-	2	4	30